哈佛不眠夜

你见过哈佛凌晨4点的图书馆吗?

杜威特◎编著

企业管理出版社
EMPH
ENTERPRISE MANAGEMENT PUBLISHING HOUSE

目录 CONTENTS

哈佛的06~08点钟

哈佛的08~10点钟

哈佛的10~12点钟

哈佛的12~14点钟

哈佛的14~16点钟

哈佛的16~18点钟

哈佛的18~20点钟

哈佛的20~22点钟

哈佛的22~24点钟

前言

Preface

哈佛不眠夜：你见过哈佛凌晨4点的图书馆吗?

每当节日到来，你是否盼望收到一份特别的礼物？有的礼物精致华丽，可以装饰你的房间；有的礼物实用，可以方便你的生活；有的礼物稀奇少见，可以开阔你的眼界；有的礼物看似普通，其中却包含了对方满满的心意，可以成为你美好的回忆。今天虽然不是什么特别的节日，我们也要送你一份特别的礼物。

它可以在你孤独时陪伴你，在你失望时给你安慰，在你灰心时给你鼓励，在你骄傲时给你提醒，在你自卑时给你赞美——它就像一个看不见的朋友、老师、家人，给你知识，帮助你成为优秀的人才，实现自己的人生价值。

这个礼物，来自世界一流的大学——哈佛。

哈佛何以称“世界一流”？从“先有哈佛，后有美利坚合众国”这句话中，我们可以找到一些答案。哈佛被誉为“美国人的思想库”，为今天强大、繁荣的美国输送了一批又一批人才。建校300年来，哈佛诞生了许多总统、诺贝尔奖获得者、世界级的优秀记者、跨国公司总裁、杰出的教育工作者等。今天，中国社会的精英中也有不少留学于哈佛，从那里获得人生中宝贵的知识和教诲。

哈佛代表着学子心中最神圣的殿堂，是年轻人梦寐以求的圣地。不管你是否打算去哈佛学习，哈佛的精神和学风都值得每一位年轻人学习。

哈佛学子勤奋、务实、追求真理、乐于接受新知识的态度，绝不仅仅可以帮助他们学到知识。在知识不断更新的今天，只有具备这种扎实学习能力的人，才能从容面对外在的变化，成为优秀的人才。

哈佛百年校园中沉静、低调而又友善的氛围，不仅可以让学生们专心学习，更可以净化浮躁的心。在这样的氛围中，学生们会变得谦逊，渴望提升自己，渴望超越过去。

哈佛可以送给年轻人的礼物太多，从内在的自觉到外在的言行，哈佛有一套自己的标准，可以成为广大青年学习的榜样。

我们希望来自哈佛的这些宝贵故事和智慧可以融入青年的生命中，成为青年成长的助力和开启成功的钥匙。

每当我们看到电视上那些青春洋溢的面孔时，我们也会被那种朝气蓬勃的情绪感染，哈佛传递出来的也是这样一种积极向上的能量，促使人不断上进和自我要求；每当我们看到新闻上有失足青年的报道时，我们感到深深的遗憾，因为那些人并非天生邪恶，只是他们没有条件得到良好的教育，缺乏长辈的关爱。哈佛的老师和学生可以满足他们心灵上的需求，成为他们精神上的导师、伙伴。

为此，编者整理了许多关于哈佛的知识，汇集成60份礼物。希望读者在阅读每一份礼物的过程中，既有惊喜，也有感悟，更希望读者不仅仅开阔了眼界，更有心灵上的洗礼和成长。愿每一个年轻的生命都得到最好的教育，用智慧耕耘人生，获得成功和荣誉，这也将是编者得到的最好礼物。

Harvard 哈佛的00~02点钟

Ⅰ 哈佛人的世界不止一种角度

Ⅱ 无畏的勇气才能产生无畏的力量

Ⅲ 生活可以简单，但不可以敷衍

Ⅳ 绝不虚度每一寸光阴

Ⅴ 真理让生命绽放光芒

哈佛人的世界不止一种角度

创新教育和素质教育一直是哈佛秉持的重要教育理念。哈佛非常重视对学生创新意识的培养，时常教导学生要学会突破思维定式，多一些创新思维，独辟蹊径，走出自己的成功之路。

突破思维定式，从新的视角拍摄生活的棱角

哈佛大学始终坚持创新教育，教授们经常告诫学生不要迷信权威和经验，也不要被既有的知识和思维束缚住，应该勇敢地思索和创新。正是在这种教育理念的影响下，涌现了许多不走寻常路的优秀哈佛学子。

在哈佛人看来，创新是一种灵动的精神活动，他们最忌讳的就是呆板和教条。只有打破常规的思维定式，破除一些清规戒律和权威的束缚，一个人才能真正在创新的道路上有所作为。不少哈佛人就是以这种观念指导自己的行动，勇于突破思维定式的。

一位大富豪走进一家银行，来到贷款部。

他穿着奢华，看起来非常有钱。贷款部营业员热心地询问："请问先生，有什么需要我们效劳的？"

"我想借点钱。"

“完全可以，您想借多少呢？”

“1美元。”

“只借1美元？”贷款部的营业员惊愕得张大了嘴巴，心想，这人穿戴如此阔气，却只借1美元，应该是在试探我们的工作质量和服务效率吧。于是营业员装出高兴的样子说，“当然，只要有担保，无论借多少，我们都可以照办。”

“好吧。”富豪从豪华的皮包里取出一大堆股票、债券放在柜台上，“这些做担保可以吗？”

营业员清点了一下：“先生，总共50万美元，做担保足够了。不过先生，您真的只借1美元吗？”

“是的，我只需要1美元。”

“好吧，请办理手续，年息为6%，只要您付6%的利息，且在一年后归还贷款，我们就把这些做担保的股票和债券还给您……”

一直在一边旁观的银行经理怎么也弄不明白，一个拥有50万美元的人，怎么会跑到银行来借1美元呢？

富豪办完手续正打算走，银行经理追了上去：“先生，对不起，能问您一个问题吗？”

“当然可以。”

“我实在弄不懂，您拥有50万美元的家当，为什么只借1美元呢？”

“好吧！我不妨把实情告诉你。我来这里办一件事，随身携带这些票券很不方便，问过几家金库，要租他们的保险箱租金都很昂贵。所以我就到贵行将这些东西以担保的形式寄存了，由你们替我保管，况且利息很低，存一年不过6美分……”

这是广泛流传于哈佛的一个小故事。哈佛学子们认为这个富豪的做法实在太高明了，他只是打破了思维惯性，将一般人看来应该存放在金库保险箱里的贵重物品以借贷担保的形式存进了银行，不仅省了一大笔寄存费，而且也提高了保险系数。不少哈佛人经常以这个故事自我告诫：有些时候不妨从那些已成定论的事实和经验中跳出来，换个角度来看问题，这样也许会有新的发现，看到生活中别样的风景。

〔哈佛寄语〕

创新思维对于成功有着重要的意义，而突破定式思维则是打开创新之门的钥匙。挣脱陈旧思维的束缚，才能积极思考、不断创新，才能在平凡的生活中找到成功路，实现成功梦想。

〔哈佛风采〕

哈佛涌现了许多敢于突破思维定式、积极创新的人才，奥本海默就是其中之一。他一直以来都是哈佛人的骄傲，因为他组织研制了世界上第一颗原子弹。当时的人们都认为，原子弹研制成功将是人类的一场灾难，可奥本海默并没有被这种思维所限制，他坚信自己工作的价值，并且不断摸索和实验，最终成功了。

独辟蹊径的人，才会留下更深的足印

创新是哈佛教育中的重要特色，也是哈佛能取得今天这样的成就和荣誉的重要保证，可以说，不重视创新，就没有今天的哈佛。哈佛人的骨子里或多或少都流淌着创新的血液，在哈佛人看来，只有那些突破常规思维的束缚，懂得独辟蹊径的人，才会在成功的道路上留下更深的足印。

哈佛是一个重视创新教育的学府，在这里，学生们的新点子、新想法会得到重视和支持，学生们的创新意识也能很好地被激发出来。为了说明创新的重要性，一位哈佛教授给自己的学生讲了皮尔·卡丹因独辟蹊径而收获成功的故事。

皮尔·卡丹本是法国一个名不见经传的年轻人，但由于独辟蹊径，勇于创新，他从服装业开始起步，逐步建立起了各种规模的商业“帝国”。

1950年，28岁的皮尔·卡丹创建了自己的服装公司，并决定独闯巴黎服装界。刚开始时，他面临着严峻的竞争和诸多困难，尽管如此，皮尔·卡丹个性中的创造性和他那天才的商业眼光，为他找到了正确的定位和很好的出路。当时，各大服装公司，特别是那些高级时装公司，都把客户定位在属于少数的达官贵族、名门富商等身上。皮尔·卡丹的公司规模很小，资金也比较短缺，所以他并没有打算与其他商家在富人身上展开竞争，而是决定一改服装贵族化的老路，独辟蹊径，破天荒地在法国提出了“时装大众化”的响亮口号。与这种创新精神相适应，皮尔·卡丹在经营上也采取了别人没有采取过的营销策略。比如他出售、转让自己的商标和品牌，从中获利，这一方面扩大了皮尔·卡丹及其产品的知名度，另一方面也给他带来了丰厚的利润。

在公司发展的过程中，皮尔·卡丹始终以创新迎接市场挑战。从1953年开始，皮尔·卡丹根据女性对时装的需求，专门为女性设计生产了一系列风格高雅、质量上乘、价格适中的女式服装，受到了占人口绝大多数的社会中下层女性的欢迎。一时间，他的产品供不应求。

后来，当别的服装公司都在女装生产和销售上激烈竞争的时候，他又一次独辟蹊径，将目光转向了男式服装领域。皮尔·卡丹再次在法国时装界制造了前所未有的轰动效应。在那些往日曾经是女装一统天下的服装橱窗里，男式服装争得了重要的一席之地，而且“地盘”越来越大，男性服装的风潮也迅速在世界各地蔓延开来。

正是由于皮尔·卡丹敢于标新立异和独辟蹊径，他才能一次又一次地占据市场先机，最终获得了非凡的成功。在哈佛学子看来，皮尔·卡丹的成功并不是偶然的，其中凝聚着创新的智慧和勇于尝试的精神，也说明了在成功路上独辟蹊径的重要意义。

〔哈佛寄语〕

一个人要想取得创造性的成就，首先应该打破常规思维，积极进行创新思索。只有解开心理枷锁，不被过去的思维所困扰，我们才能独辟蹊径，获得新的认识和方法，走出不一样的成功之路。

〔哈佛风采〕

哈佛大学在创新方面一直走在世界的前列。自建校以来，哈佛一直以创新为指导，大胆改革。比如，在19世纪末，哈佛大学法学院取消了传统教学的演讲式方法，开始用“苏格拉底教学方法”，以加强师生间的交流和互动，突出学生的主导地位。这种教学方式在当时可谓独辟蹊径，也是如今现代教学方式的先导。

无畏的勇气才能产生无畏的力量

在哈佛，有勇气，敢于尝试的优秀学子是很受欢迎的，因为在哈佛的教育理念中，无畏的勇气才能产生无畏的力量，没有尝试就没有成功。同时，要想在成功的道路上走得远，冒险是必不可少的。

没有尝试就没有成功

哈佛有着独具特色的教育理念和教育方式，哈佛非常注重以灵活的方式培养学生的健全人格，提高其学习和生活的能力，帮助学生更加健康地成长。而为人应该有勇气，敢于尝试，就是哈佛教给学生的重要一课。

在哈佛，不少人经常会以“与其不尝试就失败，不如尝试了再失败”来鼓励自己勇于尝试、积极进取。在他们看来，勇气和尝试是有益于成功的重要因素，一个人想要获得成功，首先必须有坚强的毅力和尝试的勇气，缺少了这些，那他永远无法成功。一些哈佛学子还时常以美国推销员乔治·赫伯特“把斧子卖给布什”的故事激励自己。

乔治·赫伯特是布鲁金斯学会的一名学员。布鲁金斯学会创建于1927年，以培养世界上最杰出的推销员著称于世。它有一个传统，在每期学员毕业时，都设计一道最能体现推销员实力的实习题，让学生去完成。克林顿当政期间，学会出了这么一个题目：请把一条三角裤推销给现任总统。八年间，有无数个学员为此绞尽脑汁，最后都无功而返。克林顿卸任后，布鲁金斯学会把题目改成：请将一把斧子推销给小布什总统。

鉴于以前的失败教训，许多学员都选择了知难而退，因为在他们看来，布什什么也不缺，即使缺什么，也用不着亲自购买。而且，布什是总统，不会轻易与一般人接近，更别说向他推销物品了。抱着这种想法，很多人根本没有去尝试就自认失败了。

然而，一位名叫乔治·赫伯特的学员却积极尝试，并且没有花多少工夫就取得了成功。当记者采访他时，他说："我认为，把一把斧子推销给小布什总统是完全可能的。因为小布什总统在得克萨斯州有一座农场，那里长着许多树。于是我给他写了一封信，信中说，有一次我有幸参观您的农场，发现那里长着许多矢菊树，有些已经死掉了。我猜想您一定需要一把小斧头，但是从您现在的体质来看，这种小斧头显然太轻，因此您需要一把不甚锋利的老斧头。现在我这儿正好有一把这样的斧头，这是我祖父留给我的，很适合砍伐枯树。倘若您有兴趣的话，请按这封信所留的信箱，给予回复……最后，布什总统就给我汇来了15美元，买下了斧子。"

乔治·赫伯特的成功与他的勇气和积极尝试是分不开的，如果他像其他学员一样不经尝试就轻易放弃，也是不可能成功的。不少哈佛人都明白这个道理，在他们看来，不战而败是一种极端怯懦的行为，不管面前有多少失败的经验教训，自己也应该先尝试，因为，尝试了就有成功的希望，没有尝试就肯定没有成功。

〔哈佛寄语〕

没有尝试就没有成功，是经过无数人验证的真理。一个人如果想有所作为，首先应该具备坚强的毅力，以及"即使失败也要试试看"的勇气和胆略，勇敢迈出成功的第一步，如果连这都做不到，那就不要指望登上成功的高峰了。

〔哈佛风采〕

哈佛非常欢迎有勇气、有魄力、敢于尝试的学生，也一直致力于培养和提高学生这方面的能力。哈佛非常欢迎世界各地敢于尝试和报考的优秀学生来哈佛就读；哈佛的一年级课程并不细分系科专业，而是希望学生们通过一年的学习和尝试，发现并确认自己真正感兴趣的专业方向；哈佛并不要求学生在实验课上有新的发现，但希望大家积极尝试，勇于发现。

走得最远的人，是愿意去冒险的人

勇于尝试、敢于冒险是哈佛所崇尚的一种重要精神。人应该有冒险精神，要不畏艰难险阻，勇往直前，这样才能离成功越来越近。这是哈佛教授时常教导学生的话，也是哈佛学子们坚守的信念。

诺贝尔奖受到全世界的欢迎，不少在哈佛任教的教授就因在研究领域做出了突出贡献而获得了诺贝尔奖，所以诺贝尔的事迹当然也在哈佛这所高校广为流传，许多哈佛人都把他看成自己学习的榜样。在许多哈佛人的眼中，诺贝尔一生的事迹很好地诠释了“走得最远的人，是愿意冒险的人”这个道理。

诺贝尔于1833年出生在瑞典首都斯德哥尔摩。父亲是一位建筑工程师，喜欢研究化学，制造炸药。从小时候起，诺贝尔便在父亲的影响下，对化学研究产生了浓厚兴趣。

1850年，诺贝尔到巴黎学习化学。一年后，他又被父亲送往美国学习机械。之后，他还在德国、丹麦、意大利和法国等国游历和学习。经过几年的努力，他在自然科学和工程技术方面已经具备坚实的基础。

1855年，诺贝尔开始着手利用硝酸甘油研制一种威力更大的炸药的实验。硝酸甘油是一种易燃、易爆的物质，用于实验会有很大的危险。它的发明人索布雷罗先生因实验时发生爆炸身受重伤，这之后就再无人敢继续研究了，但是诺贝尔不畏艰难，他愿意冒险一试，将其用于实验研究。在之后的数十年中，诺贝尔建立了一个化学实验室，长期致力于炸药的研究试验。炸药的研究发明工作是最具危险性的，诺贝尔为此研究付出了不小的代价。1864年9月3日，一声巨响从诺贝尔研究液体硝酸甘油的实验室中发出。在这次事故中，诺贝尔的5名助手和他的弟弟当场被炸死，诺贝尔本人侥幸逃过此劫，但他的一只耳朵被巨响震聋了。

面对失败和危险，诺贝尔并没有退缩，他把试验地点选到了位于郊外马拉湖的一艘平底船上，并把所有的设备搬到了那里继续他的研究工作。经过长期而艰辛的实验，勇于冒险的诺贝尔终于研制成了“诺贝尔专利炸药”，又称硝酸甘油炸药，这一研究成果具有划时代的意义，获得了瑞典、丹麦、英国等多个国家的专利证书。

然而，获得成功的诺贝尔并没有因此而停止冒险和前进的脚步，他又以矢志不渝的精神研制和发明了雷汞炸药、安全炸药、无烟炸药等多种炸药，为人类做出了重大贡献。

在哈佛人看来，诺贝尔是成功者的典范，更是一个有着超强勇气和魄力的人，他的成就，与其敢于尝试、勇于冒险的精神是分不开的。诺贝尔的事迹时刻激励着哈佛学子们：要想在成功的道路上走得远，就应该敢于冒险，敢于接受危险和困难的挑战。

〔哈佛寄语〕

勇气是一种不畏艰难、勇于进取的优秀品质，也是一种克服困难、战胜恐惧的有力武器。一个不甘于平凡的人，应该有冒险的精神，有勇气接受危险和困难的洗礼，也应该勇敢地挑战自我、挑战潜能，为理想而战！

〔哈佛风采〕

在化学方面，哈佛的学术和科研成果是世界领先的。在历史上，哈佛教师中诞生了无数个曾获得诺贝尔化学奖，为人类做出了突出贡献的学者和专家。1914年，理查兹因确定化学元素中原子重量的研究成果而获得诺贝尔化学奖；1965年，罗伯特·伍德华因在实验室合成络合物的分子而获得诺贝尔化学奖；1980年，沃尔特·吉尔伯特因创造了制备DNA的方法而获得诺贝尔化学奖；等等。

生活可以简单，但不可以敷衍

在哈佛的育人观念中，一个优秀的人才不仅仅有知识、有能力、在事业上有所作为，更应是一个懂得生活、有生活品位的人。哈佛时常告诫学生，精彩人生要从平衡生活开始，生活的品质取决于个人的选择。

精彩人生从平衡生活开始

哈佛认为一个优秀的人才应该是知识和能力并重、事业和生活能很好平衡的人，所以哈佛在培养学生知识、能力等的同时，也没有忽视对其生活能力的关注。懂得生活，学会发现生活中的美，不断提高平衡生活的能力，从而成就精彩人生，是哈佛对于学子的希冀。

每个哈佛学子都渴望成功，但他们也明白，在追求成功的同时，个人应该先学会生活，掌握平衡生活的技巧。如果生活失去了平衡，那么成功可能就是昙花一现。

玛丽和瑞西是从哈佛毕业的一对好朋友，如今都已经成家立业。她们的教育背景和家庭观都差不多。但是，她们的生活却很不一样。玛丽每天总是忙着工作和家庭，好像从来都没有休息的时间；可瑞西呢，尽管也要为家庭和事业操劳，业余爱好也不少，但依然过得悠闲惬意。

一次，两位好朋友见面了，瑞西约玛丽去打保龄球，玛丽又向她抱怨：“工作占了我大部分时间。我早上7点30分到办公室，晚上7点30分离开。当我回到家，还要准备晚饭和带孩子，而且，我晚上还时常会在家加班，怎么可能有时间打保龄球呢？”

瑞西看着玛丽，笑着说：“玛丽，我们一天都有24小时，我们都有时间玩保龄球！”停顿了一下，她又说，“我以前也跟你一样忙得不可开交，可自从公司老板在我的桌上放了张写有‘我今天做的事情是重要的，因为我将永远不会再有今天’的卡片后，我才意识到应该好好平衡工作和生活了。于是我在第二天上班时就先将这天要做的事情按照重要程度写下来，然后写下不做这些事情的影响。在一天的工作中，我会按照先后顺序来做，这样，我的工作效率的确提高了不少。而且，如果是所列的重要事情差不多都完成了，我一般都会按时下班。此后，我发现我的生活和工作都更有趣了。

“一段时间之后，我去老板的办公室，感谢他给我的卡片。他告诉我要在工作、家庭和给自己的时间上保持平衡，这样才能实现生活的平衡，找到生活的乐趣。如果这三者失衡了，我们会因此失去不少东西，我们的生活也会凌乱不堪，这样是没办法享受精彩人生的。”

玛丽听后，会意地点点头，并决定自己也要试着做到统筹兼顾，平衡生活。在尝试了之后，她的生活果然发生了很大改变。

这个故事揭示了这样的道理：一个人会工作也要懂生活，只有掌握平衡的技巧，学会统筹兼顾，我们才能轻松地工作和生活，活出精彩人生。不少成功的哈佛人都是懂得平衡生活、追求生活品位的人，他们明白在短暂的人生中追求成功固然重要，但懂得欣赏和享受每天的生活也很重要，所以才演绎了五彩斑斓的成功人生。

〔哈佛寄语〕

人生短暂，每个人的梦想和目标不尽相同，有人期望活得精彩，有人希望活得成功，有人期望给别人、给社会，甚至给人类留下点自己的痕迹……不管有着怎样的追求，都必须先学会平衡生活，因为精彩人生是从平衡生活开始的。

〔哈佛风采〕

哈佛的学生在学习上能抓住分分秒秒的时间，刻苦勤奋，但多数哈佛人并不是只会学习的书呆子，他们非常懂得掌握学习和生活的平衡。哈佛学生经常会在学习之余进行各种活动，如去天主教、基督教、伊斯兰教、犹太教等各种教堂，或去参加各种党派和组织的活动，或开展各种各样的体育活动、舞会和Party，还经常结伴外出郊游等，尤其是到了万圣节、圣诞节等节日，哈佛学子们都会举行多种有趣的活动，一起庆祝。

你的选择决定你的品质

哈佛的师长们始终抱着认真负责的态度对待学生的成长和教育，他们时常教育自己的学生：每个人的生命都掌握在自己的手中，想过怎样的生活，最终取决于自己的选择，选择决定着品质。

哈佛学生牢记着教授们的悉心教导，明白每个人都是自己生命的设计师，选择怎样的人生道路，就会有怎样的生活和品质。同时，大家也明白每个人都有自主选择的权利，都可以靠自己的选择和行动来实现个人生命的精彩。如下的这个故事是为多数哈佛学子所熟悉的。

曾经有一位积累了大量财富的企业家，在临终前把两个儿子叫到床前，从枕头底下拿出一把钥匙，说："我一生所赚得的财富，都锁在一个箱子里。可是现在，我只能把这把钥匙给你们兄弟二人中的一人。"

兄弟俩惊讶地看着父亲，几乎异口同声地问道："为什么？这太残忍了！"

"是有些残忍，但这也是为你们好。"父亲停了一下，又继续说道，"现在，我让你们自己选择。选择这把钥匙的人，必须承担起家庭的责任，按照我的意愿和方式去经营和管理这些财富。拒绝这把钥匙的人，不必承担任何责任，可以完全按照自己的意愿和方式去生活。"

兄弟俩听完，心中都有些犹豫。选择钥匙，可以保证一生的安稳和富足，却意味着失去自由；而没有钥匙，就要承担风险和不测，却可以不受束缚，也可以见识更精彩的世界。

父亲早已猜出兄弟俩的心思，微笑着说："不错，每一种选择都不是最好的，有快乐，也有痛苦，这就是人生，你不可能拥有所有的幸福，最重要的是要了解自己，明白自己的选择将决定生活的道路和品质。"二人权衡利弊，最终做出了自己的选择，哥哥选择了继承家业，弟弟则选择了外出闯荡，这样的结局，与父亲的预料不谋而合，因为父亲太了解自己的孩子了。

二十多年过去了，兄弟俩的生活经历和生活品质迥然不同。哥哥虽然生活舒适安逸，但并没有沉沦，把家业管理得井井有条，性格也变得越来越温和儒雅，最终成为和父亲一样有名的企业家；弟弟这些年的生活艰辛动荡，几起几伏，性格也变得刚毅果断，在最困难的时候他也后悔过当初的选择，但好在坚持了下来，他最终也创下了一份属于自己的事业。这时，兄弟俩才真正明白父亲的良苦用心。

哈佛人从故事中悟出了这样的道理：每个人都是自己的命运和生活的设计师，拥有选择的权利和自由。可以选择平凡，也可以选择挑战，但无论过哪一种生活，都应该对自己负责，都应该明白选择决定着之后的人生方向，决定着生活的品质。

〔哈佛寄语〕

生活可以是平淡幸福的，也可以是富于激情和挑战的；可以是繁忙而劳碌的，也可以是悠闲惬意的，关键是看自己的选择，你的选择决定你生活的品质。每个人都应该做好自己生活的设计师，用心品味和选择。

〔哈佛风采〕

优秀的哈佛人不仅在学习和事业上敢想敢拼，在生活上也不会马虎和敷衍了事。哈佛广场是哈佛校园中颇具特色的地方，它显示了哈佛人生活中自由闲适的一面。哈佛广场并不是一个宽敞的公共活动场所，而是几条道路交叉的路口。哈佛广场是一个人文和艺术的海洋，街头随处可见流浪艺术家。他们或是在广场中唱歌演奏，或是在绘画写生，或是在尽情展现舞姿……哈佛广场也是一个充满浓郁生活气息的地方，这里有一些专门供张贴各类生活广告的墙，如二手货买卖、房屋招租、家教信息、音乐会通知、课外活动通告等。

绝不虚度每一寸光阴

珍惜时间、绝不虚度每一寸光阴是哈佛对学子们的一大要求。在哈佛的图书馆中，处处可见告诫人们珍惜时间的语录，如“我荒废的今日，正是昨日殒身之人祈求的明日”“勿将今日之事拖到明日”等，这些语录不仅提醒着学子们惜时努力，也是哈佛精神的诠释。

珍惜眼前的每一分每一秒，也就珍惜了所拥有的今天

在哈佛人看来，浪费时间的人是可耻的，所以在偌大的哈佛校园很少能看到虚度光阴的人。的确，时间是组成生命的材料，每个人的一生都是由一分一秒的时间组成的，从这个意义上说，想要重视生命，实现人生的价值，就要珍惜现在所拥有的时间。

“别忘了，时间就是金钱。假设，一个人一天的工资是10先令，可是他玩了半天或躺在床上睡了半天觉，他自己觉得他在玩上只花了36便士而已。错误！他已经失去了他本应该得到的5先令……千万别忘了，就金钱的本质来说，一定是可以增值的。”这是曾经获得哈佛大学荣誉学位的发明家、科学家本杰明·富兰克林说过的经典名言，它简单而直接地揭示了这样一个道理：一个想要有所作为的人，必须认识到时间的价值，懂得珍惜眼前的时间。

本杰明·富兰克林是一个充分重视时间价值的人，他时常告诫年轻人，珍惜眼前每一分每一秒的时间，充分利用时间做好该做的事情，也就把握住了今天。正是因为从不虚度光阴，本杰明才在有限的生命中成就了一番事业。关于本杰明对年轻人惜时的告诫，还有一个有趣的故事。

有一次，本杰明·富兰克林接到一个年轻人的求教信，并与他约好了见面的时间和地点。当年轻人如约而至时，本杰明的房门大敞着，而且屋里乱七八糟、一片狼藉，年轻人很是意外。

没等他开口，本杰明就招呼道："你看我这房间，太不整洁了，请你在门外等候一分钟，我收拾一下，你再进来吧。"然后本杰明就轻轻地关上了房门。

不到一分钟的时间，本杰明就又打开了房门，热情地把年轻人请进客厅。这时，年轻人的眼前呈现出另一番景象：房间内的一切已变得井然有序，而且有两杯倒好的红酒，在淡淡的香气里漾着。本杰明只是递给了年轻人一杯酒，什么话也没有说。

年轻人在诧异中，还没有把满腹的有关人生和事业的疑难问题向本杰明讲出来，本杰明就非常客气地说道："干杯！你可以走了。"

手持酒杯的年轻人一下子愣住了，带着一丝尴尬和遗憾说："我还没向您请教呢……"

"这些……难道还不够吗？"本杰明一边微笑一边扫视着自己的房间说，"你进来又有一分钟了。"

"一分钟……"年轻人若有所思地说，"我懂了，您让我明白用一分钟的时间可以做许多事情，可以改变许多事情的深刻道理。"

珍惜眼前的每一分每一秒，也就珍惜了所拥有的今天，哈佛告诫学子的这句话实际上揭示了一种人生哲学，那就是要以珍惜的态度对待时间，从今天开始，从现在做起，绝不能因为一分一秒的时间显得微不足道就让它白白溜走。

〔哈佛寄语〕

时间是弥足珍贵的，珍惜眼前的每一分每一秒，珍惜所拥有的今天是个人有所作为的前提。生命随着时间的流逝而渐渐枯萎，如果要珍惜生命，渴望在短暂的一生中有所作为，就应该充分认识到时间的价值。

只有这样，我们才能够在有限的生命中做出更多有意义的事情。

〔哈佛风采〕

本杰明·富兰克林（1706—1790年），出生在波士顿，18世纪美国的科学家、思想家、文学家和社会活动家，美国历史上第一位享有国际声誉的科学家和发明家。在他的一生中，获得过许多荣誉。1753年获得英国皇家学会颁发的科普利奖章，同年获得哈佛大学和耶鲁大学的荣誉学位。1756年当选为英国皇家学会会员，1772年当选为法兰西科学院的外国院士，1789年当选为彼得堡科学院的外国院士。

用心跳来计算光阴

“应该用心跳来计算光阴。”是美国著名学者菲·贝利的经典语录，也是无数哈佛学子崇尚的名言。它告诉我们，人应该珍惜时间，做好时间管理，在有限的一生中，合理利用好一点一滴的时间，而不要在碌碌无为中蹉跎光阴。

在竞争激烈的哈佛，懂得珍惜时间，拥有良好的时间观念是非常重要的。为了勉励学子们抓紧时间，刻苦学习，哈佛图书馆中留下了不少相关的名言，如“此刻打盹，你将做梦；而此刻学习，你将圆梦”“勿将今日之事拖到明日”“一天过完，不会再来”等。

很多人都羡慕哈佛学子，但未必了解哈佛学子生活节奏的快速和紧张。可以说，生活于哈佛的人，多数是用心跳来计算时间的。

哈佛学子对于时间的珍惜和在学习上的努力程度，一方面是来源于在哈佛学习的压力，另一方面更是因为哈佛有着惜时的传统。哈佛对学子的成长提出了严格的要求，即要求大家在校时抓紧每一分每一秒的时间汲取知识，努力进行能力训练。在哈佛的教育理念中，与其抱怨过去的虚度，坐等明天的到来，不如奋起努力，把握今天；如果在今天能用心跳计算时间，能刻苦努力，不仅可以弥补昨天的不足和遗憾，更能为迎接明天的朝阳做好准备。

在哈佛，浪费时间、虚度光阴被视为可耻的行为。哈佛学子们牢记母校的训导，时刻提醒着自己，要想攀登到顶峰，呼吸到至纯的空气，就一定不能浪费时间。正是抱着这样的信念，哈佛学子从不会让时光白白流逝，绝不会虚度光阴、止步不前，而总是以严格的标准要求自己，用心跳的速度来计算时间，自强不息，奋斗不止。

〔哈佛寄语〕

在时间的长河中，每个人的生命不过是沧海一粟，在短短的一生中，是有所成就还是碌碌无为，主要取决于个人对于时间的把握。如果能用心跳来计算时间，充分珍惜和利用有限的时间，我们同样能成就一番事业。

〔哈佛风采〕

在哈佛，随处可见学子们匆匆走路的身影，随处可见哈佛学子刻苦学习的情景。在哈佛，图书馆的座位是非常抢手的，通常座无虚席。而在哈佛100个正规的图书馆之外，还有一些另类图书馆，比如哈佛的食堂、哈佛校园的某个角落等，这些地方都可以作为哈佛图书馆的补充。

真理让生命绽放光芒

“追求真理”是哈佛大学的校训。大学绝不仅仅是为了解决现实社会问题和适应当前社会需求而设立的，大学还有它更为重要的任务，即探求人类最有普遍意义和恒久价值的真理。哈佛的意义，不仅在于培养了社会精英，更重要的是它在这个喧嚣的时代对真理的捍卫和追随。如果你笃信真理，你就值得尊重。

在哈佛，真理并不因为外界而改变

“与柏拉图为友，与亚里士多德为友，更与真理为友。”这是百年哈佛的校训。哈佛告诉学生：要始终与真理为友，无论是在权贵的重压之下还是在众人的非议之中。真理是火把，可以照亮整个世界，是真理的力量推动了人类的进步。

哈佛早期的校徽为三本翻开的书本，两本面向上，一本面向下，象征着理性与启示之间的相互关系。哈佛的一份早期文献——1642年的《学院法例》如此写道：“让每一位学生都认真考虑以认识神并耶稣基督为永生之源，作为他人生与学习的主要目标，因而以基督作为一切正统知识和学习的唯一基础。所有人既看见主赐下智慧，便当在隐秘处认真借着祷告寻求他的智慧。”其实哈佛大学的校训只有一个词语：真理。就是说只要哈佛的学生掌握了新的真理，他就可以大声对他的校长和教授说：“你错了。”

在哈佛，坚持追求真理已经渗入每一个细节当中，比如苏格拉底的故事就是哈佛学子们最耳熟能详的故事之一。

苏格拉底的学生曾向他请教如何获得真理。于是苏格拉底用手指捏着一个苹果，慢慢地从每位学生的座位旁边走过，一边走一边说："请大家集中精力，注意空气中的味道。"然后，他走回讲台，举起苹果问，"哪位同学闻到了苹果的味道？""我闻到了，是香味儿！"一位学生举手大声说。苏格拉底再次走下讲台，举着苹果，从学生的座位旁边走过，一边走一边叮嘱："你们务必集中精力，仔细嗅一下空气中的气味。"随后，苏格拉底又第三次走到学生中间，让每位学生都嗅一下苹果。这一次，除了一位学生外，其他学生都举起了手，那位没举手的学生，左右看了看，也犹豫地举起了手。苏格拉底脸上的笑容不见了，他举起苹果，缓缓地说，"非常遗憾，这是一个假苹果，什么味道也没有。"

发现真理很难，但发现真理后能够坚持真理更难，尤其是在不被他人认同的情况下。当然，要否决谬误更难，特别是在他人都相信那谬误是真理的时候。长久以来，哈佛形成了一种学术标准，对真理的认真探索无疑是这一标准的核心价值。

哈佛创校300年来，向全世界输送了大批的人才，8位美国总统、四十多位诺贝尔奖获得者、三十多位普利策奖获得者与数十家跨国公司总裁。我国也有许多科学家、作家和学者曾就读于哈佛大学，如胡刚复、竺可桢、杨杏佛、赵元任、陈寅恪、林语堂、梁实秋、梁思成、江泽涵等。

事实上，哈佛能够培养出如此之多的顶尖人才，不仅仅在于其课堂上传授的知识，更在于其在承载了厚重历史的前提下，在岁月的沉淀中对真理的坚持。哈佛学子在这样的氛围中耳濡目染，便会于不知不觉中不断提升自己，进入一种高素质、高水平、高格调的境界。

〔哈佛寄语〕

每个人在一生中都遇到过需要维护真理的时候，但因为这些事与己无关，或者与己有关的同时也关系到他人，为了明哲保身，而选择了沉默。就因这些沉默，人类的良知也渐渐沦丧。哈佛认为：真理高于一切。你必须有足够的勇气战胜阻碍真理显现的屏障。这些障碍包括权威、私利、虚荣等诸多因素。

〔哈佛风采〕

1643年，哈佛的校训是“察验真理”，1650年为“荣耀归于基督”，到1692年是“为基督·为教会”。这几百年来，哈佛大学虽历经变革，但一直坚守着寻求真理的办学宗旨，只是在不同时期的表述及侧重点不同。比如哈佛大学肯尼迪政治学院就声明不支持任何政党，美国大选时，两党竞争得热火朝天，但无法在哈佛掀起一丝波澜。这使得哈佛能够摆脱世俗与偏见，永远与真理相伴。

勇于质疑，才是对真理最好的坚守

“先有哈佛，后有美利坚合众国。”哈佛人骄傲地将这句话写入了自己的校史。这绝不是哈佛人的自夸，哈佛早就已经成为一种成功与荣誉的象征。它被誉为“美国人的思想库”。

很有希望问鼎诺贝尔经济学奖的哈佛大学博士后导师哈特教授，曾任美国经济学会副主席和法律经济学会主席，他是不完全契约理论和产权理论的开创者之一。

一天，哈特教授在课堂上与学生讨论有关泡沫经济的问题时，有学生针对他的观点提出了不同意见：“我认为您的观点并不全面。”

“哦？你能告诉我们理由吗？”哈特教授饶有兴趣地看向那位学生。

于是，那位学生旁征博引、滔滔不绝地向大家阐述了自己的观点，引来了热烈的掌声。从哈特教授赞许的目光里可以看出他很满意这位学生的回答。

一堂课很快就结束了，人群渐渐散去，有人问：“教授，难道您一点都不介意学生在课堂上质疑您的观点使您难堪吗？”

“难堪？这从何谈起？”哈特教授说，“敢于质疑是对真理的坚守。我希望哈佛的每个人都能善于并敢于否定前人，培养提出问题的能力，而不是一味地迷信权威。”

看着学生不解的目光，哈特教授又说：“当年爱因斯坦应邀去斯坦福大学演讲时，学生们都兴奋异常，大家都想从这位伟人身上发现一些值得自己学习的东西。于是，他们每个人都准备好了笔记本，以便记下这位伟人的每一句教诲。”

哈特教授看着面前一张张稚嫩的脸庞，继续讲爱因斯坦的故事。

“然而，爱因斯坦出乎大家的意料，他并没有带演讲稿，甚至连一支笔也没带。

“演讲开始了，爱因斯坦没有像其他人那样开始长篇累牍地讲述自己的成功经历，而是给学生们出了一道题。

“他说：‘有两个工人，他们同时从烟囱里爬了出来，一个身上是干净的，一个是肮脏的。请问他们谁会去洗澡？’

“学生们回答：‘当然是身上肮脏的工人会去洗澡。’

“爱因斯坦反问道：‘是吗？干净的工人看到肮脏的工人，他会认为自己身上一定也很脏；而肮脏的工人看到干净的工人，认为自己身上很干净。我再问问你们，哪个工人会去洗澡？’有学生马上说：‘干净的工人会去洗澡。’在场的所有同学一致点头，都认同了这一答案。

“爱因斯坦一笑：‘你们又错了。理由很简单，两个工人同时从烟囱里爬出来，怎么可能一个是肮脏的而另一个却是干净的呢？’

“爱因斯坦顿了一下接着说：‘其实人与人之间并没有太大的差别，尤其是你们这些坐在同一间教室里、受着相同教育、学习又都非常努力的年轻人，你们之间的知识差异几乎是微乎其微。有的人之所以最终能脱颖而出，就是因为他们没有因循前人的足迹。而要想做个与众不同的人，就必须跳出习惯的思维，敢于去怀疑一切。世上没有绝对的真理，这就是我要对你们说的所有的话。’”

“噢，”围着哈特教授的学生们点点头，“谢谢您，教授。今天我们不止上了一堂经济课。”

“这很好。”教授会心地笑了。

〔**哈佛寄语**〕

哈佛教授哈特说：“揭示真理需要付出代价，但是真理终将因为实践的证明而战胜一切。”

尊敬师长是衡量一个人道德品质的一个重要方面，但这并不等于不能对老师提出质疑。老师并不是万能的，老师的想法也并不总是对的。当我们与师长的意见发生冲突时，我们应该坚持真理，并同时以一种友好的方式与之沟通和交流。这无疑是对真理的最好坚守。

〔哈佛风采〕

爱因斯坦广义相对论认为，人类生存的三维空间加上时间轴，构成所谓的四维空间。然而，美国哈佛大学理论物理学家、曾经荣登《时尚》杂志的教授丽莎·蓝道尔却对爱因斯坦的四维空间理论提出质疑，她大胆假设地球上可能还存在着“第五度空间”，国际物理学界为之震惊。

“我认为地球上存在第五度空间等其他的维度。如果这个假设正确，那么其他空间（第五度空间）其实离我们并不遥远，甚至可说近在咫尺。只是它们隐藏得很好，所以我们看不到而已。”

丽莎被公认为当今全球最权威的额外维度物理学家，在东京大学的签名板上，丽莎·蓝道尔博士写下“相信直觉，大胆享受科学”的留言。她希望能用这句话来勉励其他年轻科学家，能够像她一样发现无限可能。

Harvard 哈佛的02~04点钟

Ⅰ 独立思想乃哈佛之精髓

Ⅱ 人文是一切学问的基础

Ⅲ 决定成败的关键因素不是智商而是情商

Ⅳ 力求创新，做探路者而不是模仿者

Ⅴ 天才也抵不过勤奋的“庸才”

独立思想乃哈佛之精髓

“独立思想”是哈佛大学的第一教育原则。早在一百多年前，哈佛毕业生、著名哲学家威廉·詹姆斯就说过：“就培植自主与独立思想的苗床而言，除了哈佛大学，无出其右者。哈佛的环境不只允许而且鼓励人们从自己的特立独行中寻求乐趣。相反地，如果有朝一日哈佛想把它的孩子塑造成单一固定的性格，那将是哈佛的末日。”

思路决定你的视野

独立思考是哈佛大学的第一教育原则。哈佛大学的教授在选择学生的时候并不以学生毕业于什么学校和考试成绩论英雄，而是更看重学生独立思考和解决问题的能力。

哈佛的学生一入校就会一遍又一遍地听到这样的话：“你们到这里，不是来发财的。你们到这儿来，为的是思考并学会思考！”

于是，经常有刚入学的新生问自己的导师：“教授，独立思考到底是指什么呢？”

教授们通常会说：“所谓独立思考，是指思维的主体——也就是你们，在进行思考时，不拘泥于过去的经验，不迷信权威，不屈从压力，不去扭曲思维和实践的规则，而只坚持实事求是，遵循真理。”

曾经，哈佛文理学院的一位学生问爱因斯坦对理科学生有什么忠告，爱因斯坦毫不迟疑地答道：“我要劝他们每天用一小时的时间抛开别人的意见，自行思考问题，这件事不易做，却很有收获。”在哈佛，独立思考的人从来都不是孤独的。哈佛学子威廉·詹姆斯在1903年开学典礼致辞时说：“真正的哈佛是无形的哈佛，藏于那些较为追求真理、独立而孤隐的灵魂里……这所学府在理性上最引人称羡的地方，就是孤独的思考者不会感到那样孤单，反而得到丰富的滋养。”

为什么要强调独立思考？那是因为独立思考不仅能使哈佛学子从学习知识的人变为创造知识的人，而且还能塑造他们的独立个性，让他们在众人中脱颖而出。哈佛学子都知道“方法比知识更重要”，用这句话来说明“杰出的人都是会独立思考的人”这个道理最合适不过了。因为知识有尽而思考无穷，学习知识，要学会独立思考才能学得更快、更好，才能举一反三、触类旁通，才能最终使学习知识的人变为创造知识的人。

而想要具备能够独立思考的能力，哈佛教授会告诉你，这仅仅需要打开你的思路，放远你的视线。因为如果视野不远的话，就会目光短浅；视野不广的话，就会为盲点所困。所以眼界要高，视野要开阔，这样才能够高瞻远瞩、目光长远，具备坐拥天下的大气魄。对哈佛来说，只有具备独立思考能力的学生才能在全球化时代背景下，打破时代限制、专业限制、信息限制、个性限制，拥有国际视野，以便更好地规划自己，把握机遇。

〔哈佛寄语〕

哈佛教授弗吉尼亚·约翰逊曾经说过：“我们必须时时进行思考。只有深思熟虑，才能战胜愚昧，在积极的思考中勇敢地面向未来。”思路决定出路，观念决定成败，即便在前方父母早已为你铺好了一条路，但是在生命的长途上，不可能有人会一直陪伴在你的左右。只有学会了独立思考，我们才能从容地面对人生长途。

〔哈佛风采〕

哈佛大学不只允许而且鼓励人们从自己的特立独行中寻求乐趣，大学的主要努力方向就是使学生成为参与发现、解释和创造新知识或形成新思想的人。相应地，教学也从以知识传授为中心转变为教师指导下的学生自我教育。

哈佛教授也自觉地把独立思想原则落实到教学的每一个环节，把很多时间花在研讨课、个人或小组辅导、实验室工作和查询档案资料等。对学生的考核不再使用常规的考试方式，而是采用研究论文的形式。学生花在课堂之外的时间更多，他们独立探索未知的事物。这种做法更加强调了大学对学生能力培养的重视。

年轻人，不要太死板

生活中的大多数问题并非只有一个正确答案，就像每一个学生论证的思路各不相同，但都解决了问题。我们应该努力去寻找第二个、第三个最佳答案。往往，第二个或第十个答案才是解决问题的最有效方法。

一天上午，哈佛大学的彼得·林奇教授给学生出了这么一道思考题："一个聋哑人到五金商店去买钉子，先用左手做持钉状，捏着两个手指放在柜台上，然后右手做捶打状。售货员递过来一把锤子，聋哑人摇了摇头，指了指做持钉状的两个手指，售货员终于拿对了。这时候又来了一位盲人顾客。同学们，你们想象一下，盲人将如何用最简单的方法买到一把剪子？"

一位学生是这样回答的："噢，很简单，只要伸出两个指头模仿剪子剪布的模样就可以了。"全班同学都表示同意。教授没有否定学生的答案。不过，他又笑笑说："其实盲人只要开口说一声就行了。"

其实两个答案都没有错，但学生的回答缺乏变通性。多年以前，彼得·林奇教授就意识到，突破思维定式，运用变通思维解决问题将是哈佛无数学子成功的方法。哈佛的许多学生习惯于运用比较熟悉的思考方法，这样做使得他们省去很多精力。然而，哈佛商学院的荣誉教授希尔多·李维特说："成功组织的最大特色，就是自愿放弃长期以来的成就。"于是，彼得·林奇教授给自己的学生讲述了他们的前辈，同为哈佛学子的美国出版界明星人物阿尔伯特·哈伯德的故事。

阿尔伯特·哈伯德出生于一个富足的家庭，但他立志创立自己的事业，因此他很早就开始有意识地准备。他明白像他这样的年轻人，最缺乏的是知识和经验。因而，他有选择地学习一些相关的专业知识，充分利用时间，甚至在他外出工作时，也总会带上一本书，在等候电车时一边看一边背诵。他一直保持着这个习惯，这使他受益匪浅。后来，他有机会进入哈佛大学，开始了一些系统理论课程的学习。

经过一次欧洲考察之后，阿尔伯特·哈伯德开始积极筹备自己的出版社。他请教了专门的咨询公司，调查了出版市场，尤其是从从事出版行业的威廉·莫瑞斯先生那里得到了许多积极的建议。这样，一家新的出版社——罗伊科罗斯特出版社诞生了。由于事先的准备工作做得好，出版社经营得十分出色。他不断地将自己的体验和见闻整理成书出版，同时拥有了名誉与金钱。

但阿尔伯特并没有就此满足，他敏锐地观察到，他所在的纽约州东奥罗拉，当时已经成为人们度假旅游的最佳选择地之一，可这里的旅馆业非常不发达。这是一个很好的商机。阿尔伯特紧紧抓住这个机会，他抽出时间亲自在市中心做了两个月的调查，了解市场行情，考察周围的环境和交通。他甚至亲自入住一家当地经营得非常出色的旅馆，去研究其经营的独到之处。后来，他成功地从别人那里接手了一家旅馆，并对其进行了彻底的改造和装潢。

在旅馆装修时，他进行了广泛的调查，接触了许多游客。他了解了游客们的喜好、收入水平、消费观念，注意到这些游客多是平时工作繁忙，周末才来这里放松的，他们需要更简单的生活。因此，他让工人制作了一种简单的直线型家具。这个创意一经推出，很快受到人们的关注，游客们非常喜欢这种家具。他再一次抓住了这个机遇，一家家具制造厂诞生了。家具制造厂蒸蒸日上，也证明了他准备工作的成效。同时他的出版社还出版了《菲士利人》和《兄弟》两份月刊，其影响力在《致加西亚的信》一书出版后达到顶峰。

正是因为阿尔伯特·哈伯德在遇到问题时并不囿于思维定式，而是能运用变通的思维方式来灵活地解决和应对，才能一次又一次地抓住成功的机遇，成就人生的精彩。

〔哈佛寄语〕

很多时候，遇到问题，我们必须要学会打破常规，学会变通。看事物不能以一种眼光，而要多角度、多方面地去观察，从常规中求新意。对一个问题，我们可以通过组合、分解、求同、求异等方法，让思路发展拓宽，要么加一点，要么减一点，寻求多种多样的方法和结论，从而更好地解决问题。

〔哈佛风采〕

不仅思想要改变，教科书和参考书也要时常更新。例如哈佛的肯尼迪政治学院有个专门的案例编写小组，有6名案例编写员。全院现有1300～1500个案例，除少数由任课教师自编以外，绝大部分是由这个小组的专业人员编写的。其中最受欢迎的案例约有100个。案例经常更新，每年新编30～40个案例，并注意开发国际性案例，学院收集案例素材，比照不同方面的观点，比较客观公正。

人文是一切学问的基础

尽管哈佛是一所综合性大学，但它非常重视人文科学的教学和人文素质的培养。这一特点突出地表现在哈佛享誉世界的“通识教育”和“核心课程”中。从20世纪70年代开始，哈佛就要求学生背诵诗歌，这一传统一直延续至今。

在哈佛，人文构建出和谐的氛围

哈佛大学1650年的特许状强调，哈佛的宗旨是：促进所有有益的文学、艺术和科学的发展，借助所有有益的文学、艺术和科学发展教育青年人，并为教育本国的青年人提供所有其他必要的东西。

在哈佛大学专业之间的调整并不是什么新鲜事。因为哈佛向来崇尚自由与和谐的精神，它让每一位学生都尽可能地认识到自身的全部优缺点。它鼓励学生学会扬长避短，专攻自己最擅长的专业。

哈佛大学的职能活动可以归结为三大类：教学、科研和社会服务。在教学方面，哈佛大学共设1个本科生院和10个研究生院。哈佛大学鼓励教师承担政府部门或其他机构的科研项目，但这些研究必须符合公众的利益。而在教学科研活动以外的社会服务活动，哈佛也进行得有声有色。

1971—1991年，博克任哈佛大学校长，他对哈佛大学进行了被媒体称为“震撼美国学术大厦”的“创新核心课程”改革。博克校长指出：“现代大学不仅重视正式教育，还承担了促进人类全面发展的更大责任。”博克的话反映了哈佛大学对人文的重视。哈佛大学的课外活动丰富多彩，有管弦乐队、爵士乐队、学院乐队等学生社团组织的文娱活动；有学生社会服务机构组织的社会服务活动；有一些国际关系、政治等方面的学术性活动，还有各体育团体组织的体育活动等。

其实，当哈佛大学决定给学生充分自由，给他们自由发展的空间时，哈佛大学曾受到来自社会各界的强烈批评。很多年以前，当哈佛大学宣布，对参加唱诗班和做礼拜不做强制性规定时，学生家长们惊恐万分，害怕自己的孩子会由此走向堕落，变得不可救药。

但是，哈佛并不这么认为。根据哈佛多年的观察和研究，在严格监督管理下的学生往往无法形成良好的性格，也不会有健壮的身体。于是哈佛劝导那些处于不安状态的父母，告诉他们，废除强制性的管理措施只是为了充分发挥学生的全方位素质。为了让学生健康成长，必须把他们人性当中最优秀的因素激发出来，让他们在多姿多彩的课程中学会如何提高自己。这样，在走出校门时，哈佛学子不但能够拥有一张货真价实的文凭，而且还能拥有良好的综合素质。

这么多年以来，哈佛大学一直没有放弃过文理并重的教学改革。19世纪中叶，哈佛大学确立了自然科学和选修课程，19世纪后期哈佛进行了从自由选课制到导师制的实践，随后20世纪前期集中与分配制的探索以及1970年之后的核心课程的诞生和发展。这一系列措施都紧紧围绕着一个“人”字，每一次的改进都是对前一次的肯定和更新，这一过程彰显了哈佛大学将人融入社会，谋求和谐，让人的能力有更大更持续发展的理念。

哈佛始终致力于用人文构建出一个和谐的氛围，用这种氛围陶冶学生的心智，使学生能够最大限度地利用他们的教育资源。

〔哈佛寄语〕

如同树木生长需要阳光和雨露一样，失去了人文的土壤，我们只能生长为跛足的人，更不会有所发展。所以我们要将人文视为宝贵的东西。不论一个人学习什么专业，从事何种职业，人文精神都会成为他变得更加优秀和强大的根基。

〔哈佛风采〕

人文精神不只是思想，还有对现实社会的关照。哈佛学子中有不少人对当今政治高度关注。哈佛大学不仅是美国政府制定国内外政治、军事、外交政策的思想库，而且校内各种学术流派和政治主张也十分活跃。哈佛大学的学生来自美国各地以及全世界一百多个国家。

倡导“通识教育”使不同的人群之间容易沟通

在哈佛大学，通识教育重在“育”而非“教”，因为通识教育没有专业的硬性划分，它提供的选择是多样化的。而学生们通过多样化的选择，得到了自由的、顺其自然的成长，可以说，通识教育是一种人文教育，它超越功利性与实用性。

在哈佛享誉世界的“通识教育”中，每个哈佛本科生必须修满涵盖8大学科领域、分为7大类的32门核心课程，包括外国文化、历史研究、文学艺术、道德伦理、数理伦理、科学和社会分析等，其目的是帮助学生提高批判性思维能力和想象力，学会发现和鉴别事实真相，坚持对事物进行严谨的分析，能够理性地认识现实问题和道德问题，探求对他们所遇到各种情景的最透彻理解。

通识教育是英文“general education”的译名，也有学者把它译为“普通教育”“一般教育”“通才教育”等。19世纪初美国博德学院的帕卡德教授第一次将它与大学教育联系起来之后，越来越多的人热衷于对它进行研究和讨论。

通识教育源于19世纪，当时不少欧美学者有感于现代大学的学术分科太过专门、知识被严重割裂，于是创造出通识教育，目的是培养学生独立思考，且对不同的学科有所认识，以至于能将不同的知识融会贯通的能力，最终目的是培养出全面、完整的人才。

在关于大学教育目的的理解上，哈佛的研究表明，大学生对职业发展和通识教育都有要求，但对职业发展的需求更为强烈；在大学通识教育课程目的的理解上，学生对于职业发展相关的方面、对实用技能方面也是最为重视。近两年，哈佛大学文理学院非常重视本科生的通识教育，强调通识教育课程的设置不仅仅是大学本科部的职责，而且系级行政部门也需要承担开设通识教育的课程，这就意味着教授们都得承担为本科生开课的任务。

这种新情况需要所有的院系和教授都得全力支持本科部的通识教育课程，而且应该群策群力。所有的教授不仅要努力对自己专业领域进行研究，而且也应该致力于培养本科生在哈佛大学四年具备积极的、明智的、开阔的心态，以应对毕业后面临的大千世界。

尽管哈佛大学是一所综合性大学，却对人文科学教育和人文素质的培养十分重视。哈佛大学较少为本科生提供职业教育或训练，本科生不能学习法律、医学、商业或技术性很强的工程专业，即使是专业学院，对学习法律、商学、教育、医学、政府管理和其他学科的学生来说，也集中学习学科的基础理论。学校认为，未来社会中有很多人至少要改变一到两次主要职业，如果受到的教育和训练不是过分专门化的或狭窄的，他们就可以成功地调整自我。

〔哈佛寄语〕

哈佛大学在强调学术和研究工作的重要性的同时，也特别强调多样的优秀教学对于大学教育的重要性。在哈佛大学，之所以要以“大学问家、大思想家”为榜样，是因为他们身上有着独立人格与独立思考的可贵品质，而这正是通识教育的终极追求。因为，教育不是车间里的生产流水线，制造出来的都是同一个模式、同样的思维，而是开发、挖掘出不同个体身上的潜质。因为通识教育是要“孕育”出真正的“人”而非“产品”。

〔哈佛风采〕

哈佛大学规模庞大、资产超群，常被人称为“哈佛帝国”。全校共设有13所学院，其中本科生院2所，即哈佛学院与拉德克利夫学院；研究生院10所，即文理学院、商业管理学院、肯尼迪政治学院、设计学院、教育学院、法学院、神学院、医学院、牙医学院、公共卫生学院。另一学院为大学扩展部。

决定成败的关键因素不是智商而是情商

哈佛认为，卓越的领导者在一系列的情商，如影响力、团队领导、政治意识、自信和成就动机上，均有较优越的表现。情商对于领导者至关重要，是因为领导的精髓在于使他人更有效地做好工作。一个领导人的卓越之处，在很大程度上取决于他的情商。

情商是一门人生艺术

与社会交往能力差、性格孤僻的高智商者相比，那些能够敏锐了解他人情绪、善于控制自己情绪的哈佛学子，更可能找到自己想要的工作，也更可能取得成功。情商为哈佛人开辟了一条事业成功的新途径，它使很多学生摆脱了过去只讲智商所形成的“宿命论”。

1995年，哈佛大学心理学教授丹尼尔·戈尔曼出版了《情感智商》一书，把情商这一研究新成果介绍给大众，该书迅速成为世界性的畅销书。一时间，“情感智商”这一概念在世界各地得到广泛的宣传。

丹尼尔·戈尔曼认为情商是一个人重要的生存能力，是一种发掘情感潜能、运用情感能力影响生活各个层面和未来的关键品质因素。戈尔曼认为，在成功的要素中，智力因素是重要的，但更为重要的是情感因素。

哈佛大学先后培养了8位美国总统、四十多位诺贝尔大奖得主和三十多位普利策新闻奖得主，以及数以百计的世界级财富精英。这些杰出的人物，对美国和世界产生了巨大的影响。哈佛大学的巨大成就，不仅仅在于它高超的专业学术水平，更重要的是它积累的一系列深刻而珍贵的成功智慧，也就是对学生情商的培养。

心理学家霍华·嘉纳说："一个人最后在社会上占据什么位置，绝大部分取决于非智力因素。"许多材料显示，情商较高的人在人生各个领域都占尽优势，无论是谈恋爱、人际关系，还是在主宰个人命运等方面，其成功的机会都比较大。

美国有一个叫泰德·卡因斯基的人，他16岁进入哈佛，20岁毕业，而后在密歇根大学获得数学硕士、博士学位。接着，又到世界一流的加州大学伯克利分校数学系任教。卡因斯基虽然智力超群，却从未培养自己的社会交际技能和情商。整个中学时期他的同学几乎见不到他的影子，他从不与任何人交往，更不能与人建立长久关系。在大学里，人们送他一个绰号"哈佛隐士"。卡因斯基在制造炸弹方面有特殊才智，但他在社交方面却很不成熟，因长期压抑而导致心理异常。用自己研制的炸弹杀死了3人，伤了22人。

哈佛大学心理学教授丹尼尔·戈尔曼宣称："婚姻、家庭关系，尤其是职业生涯，凡此种种人生大事的成功与否，均取决于情商的高低。"一份有关调查报告披露，在贝尔实验室，顶尖人物并非是那些智商超群的名牌大学毕业生。相反，一些智商平平但情商甚高的研究员往往以其丰硕的科研业绩成为明星。其中的奥妙在于，情商高的人更能适应激烈的社会竞争。

这就是工作中为什么人们不是推举一些特别聪明的人做领导，学校里同学们不喜欢推选恃才傲物的人做班委，而是推选一些能关心别人、与人关系融洽的人来领导大家的原因。相比较之下，情商高的人确实更能为众人服务，也更能发挥群体的积极性。

〔哈佛寄语〕

简单来说，情感智商是自我管理情绪的能力。和智商一样，情商是一个抽象的概念，情商是一个度量人情绪能力的指标。情商与每个哈佛人的生活、工作息息相关，一个高情商的哈佛人在工作上易于成功，生活中易产生幸福感，人际关系的处理也会如鱼得水。

〔哈佛风采〕

当年，被誉为“情商之父”的哈佛大学心理学教授丹尼尔·戈尔曼，用了两年时间对全球近500家企业、政府机构和非营利性组织进行分析，发现成功者除具备极高的智商以外，卓越的表现亦与情商有着密切的关系。在一个以15家全球企业，如IBM、百事可乐及富豪汽车等数百名高层主管为对象的研究中发现，平凡领导人和顶尖领导人的差异，主要是来自情绪智能。

成功80%的决定因素来自情商

在哈佛，刚入学的新生在潜力、学历、机会各方面都相当，可是若干年后的际遇却大相径庭，这便很难用智商来解释。那么，到底是什么在决定着哈佛人的成功呢？毫无疑问，是情商。

说起情商，很多哈佛教授都很推崇美国前总统小布什。小布什的父亲是美国第51届总统乔治·布什。小布什1968年获得耶鲁大学历史学学士学位，1968—1973年在得克萨斯国民警卫队空军担任战斗机飞行员，1975年获得哈佛大学工商管理硕士学位。

著名成功学家卡耐基先生说，一个人的成功取决于20%的专业能力和80%的人际关系，足见人际交往能力的重要。而他所说的“20%的专业技能”主要靠智商来获取，“80%的人际关系”却是靠情商获得。小布什的情商就十分突出，他很善于结交朋友，赢得了周围人的爱戴，这也给他的事业带来了很大的帮助。

小布什任州长时，总不会忘记与大家包括府邸的厨师、保安和随员一道分享彼此生活中的特殊时刻，邀请他们参加就职典礼、晚会、晚宴、招待会甚至野餐。他不仅邀请工作人员的家属一起来，还常常给大家分发小礼品，以答谢他们。每次过万圣节，小布什夫妇还会特别邀请工作人员的孩子来州长府邸做客，有人过生日时，可能还会收到小布什的小礼物。他每年还邀请员工参加正式的节日晚宴。小布什能够具有如此高的情商，是与他父亲老布什的教导分不开的。老布什在任总统期间，曾给小布什及他的弟弟妹妹写过一封信。

亲爱的乔治、杰布、尼尔、马文、多罗：

我在1991年的最后一天给你们写信。

当我就任总统时，曾发誓绝不会抱怨这是一项世上最孤独的工作，也不会去逃避需要承受的压力或考验。

不得不说，我也曾困惑未来前景到底会如何。我并不孤独，是因为我有一支由第一流的博学而忠诚的人组成的团队。这是任何一位总统都梦寐以求的。

要记住：无论将来你们从事什么工作，都必须团结周围的人，争取获得他们的支持。只有如此，做起事来才能够得心应手。好了，不多说了，今天就写到这里，希望你们能够领会我的意思，并且在生活中也能够照此行事！

新年快乐！愿主保佑你们！

爱你们的老爸

入主白宫后，小布什依然保持着与周围人的和谐关系，他总是很尊重周围的人。在私下里，小布什经常会表现出平和甚至多少有些纯真的一面。有记者透露，在长达两年的总统竞选过程中，布什最喜欢做的就是在竞选之余到他的竞选专机的后部，与在那里工作的记者、摄影师以及网络维护人员开玩笑，他还经常在摄像机镜头前扮鬼脸、讲笑话、说自己的故事。正是这些曾经被有些人视为可笑的举动，吸引了众多普通人和精英人士云集在他的身边并成就了他辉煌的人生。

曾有人追踪1940年哈佛的95位学生中年的成就，发现以薪水、生产力、本行业位阶来说，在校考试成绩最高的人不见得成就最高，对生活、人际关系、家庭的满意程度也不是最高的。

另有人针对背景较差的450位男孩子做同样的追踪，他们多来自移民家庭，其中2/3的家庭依赖社会救济，住的是贫民窟，有1/3的人智商低于90。研究同样发现智商与其成就并不成比例，比如智商低于80的人里，7%失业10年以上，而智商超过100的人同样有7%。就一个四十几岁的中年人来说，智商与其当时的社会经济地位有一定的关系，但影响更大的是处理挫折、控制情绪、与人相处的能力。

另外一项研究的对象是1981年伊利诺伊州某中学81位毕业演说代表与致辞代

表学生。这些人的平均智商是全校之冠，他们上大学后成绩也都不错，到近30岁时却表现平平。中学毕业10年后，只有1/4的人在本行业中达到最高阶层，很多人的表现甚至远远不如原来成绩一般的同学。

波士顿大学教育系教授凯伦·阿诺曾参与上述研究，她指出：“我想这些学生可归类为尽职的一群，他们知道如何在正规体制中有良好的表现，但也和其他人一样必须经过一番努力。所以当你碰到一个毕业致辞，唯一能知道的是他的考试成绩很不错，但我们无从知道他走入社会后的表现如何。”

〔哈佛寄语〕

如果说智商来自遗传，即先天既定的因素，那么情商则是来自心灵深处的力量，可以后天培养。“智商决定论”容易让人们陷入一种被动的、宿命的境况，而情商则不同，我们可以用这种情绪的智慧来主宰自己的命运。

〔哈佛风采〕

诸多证据显示，哈佛学子中情商较高的人在人生各个领域都较有优势，无论是谈恋爱、人际关系或是在工作上，成功的概率都比较大。此外，情感能力较佳的哈佛学生通常对生活较满意，能维持积极的人生态度。在现代社会中，智商不再统治人们的生活，情商开始主宰我们的命运，因为卓越从情商开始。

力求创新，做探路者而不是模仿者

创新，无论是对企业还是对个人，都有着其他事物难以匹敌的价值。在这个创意制胜的时代，赢的就是想法，创新就是取得财富的机会。很多人不成功，不是因为不能做到成功，而是不敢想。不敢想的人，思路永远会固着于一点而不能突破。敢想，再加上巧做，成功便会不请自来。

激发创意，相信任何问题都有最佳解决之道

“一个人是否具有创造力，是一流人才和三流人才的分水岭。”这是哈佛大学第24任校长普西对开发学生创造力意义的理解。

“我创造，所以我生存。”哈佛教授尼古拉斯·罗杰斯的这句话被无数哈佛学子奉为至理名言，无数事实也为这句话做了很好的佐证。

1984年以前的奥运会主办国，几乎是“指定”的。对举办国而言，往往是喜忧参半。能举办奥运会，自然是国家民族的荣誉，还可以趁机宣传本国形象，但是以新场馆建设为主的大规模硬件软件投入，又将使政府负担巨大的财政赤字。1976年加拿大主办蒙特利尔奥运会，亏损10亿美元，当时预计这一巨额债务到2003年才能还清；1980年，苏联莫斯科奥运会总支出达90亿美元，具体债务更是一个天文数字。赔老本已成奥运定律。直到1984年洛杉矶奥运会，美国商界奇才

尤伯罗斯接手主办奥运，运用他超人的创新思维，改写了奥运经济的历史，不仅首度创下了奥运史上第一巨额赢利纪录，更重要的是建立了一套“奥运经济学”模式，为以后的主办城市如何运作提供了样板。

尤伯罗斯接手奥运会之后，就进行了一系列积极的创新改革。

首先是举行声势浩大的“圣火传递”活动。这一活动主要采用捐款的方式，谁出钱谁就可以举着火炬跑上一程。全程圣火传递权以每公里3000美元出售，15万公里共售得4500万美元。

其次是创立了别具一格的融资、赢利模式。尤伯罗斯出人意料地提出，赞助金额不得低于500万美元，而且不许在场地内包括其空中做商业广告。这些苛刻的条件反而刺激了赞助商的热情。尤伯罗斯最终从150家赞助商中选定30家，此举共筹到117亿美元。与此同时，尤伯罗斯还通过转让独家电视转播权的方式筹集了不少资金。

再次是出售与本届奥运会相关的吉祥物和纪念品。尤伯罗斯联合一些商家，发行了一些以本届奥运会吉祥物为主要标志的纪念品。

通过这几步创新行动，第23届奥运会总支出51亿美元，赢利25亿美元。这届奥运会不仅赢利颇丰，还成为国家民族的骄傲。

这个故事告诉我们，创新具有强大的力量，它可以变废为宝，化腐朽为神奇。只要我们善于激发创意，任何事情都会有最佳的解决之道。

〔**哈佛寄语**〕

许多人在抱怨，现在的人太缺乏创意。而哈佛要说，工作中不是缺乏创意，而是缺乏想象。俗话说：“不怕做不到，就怕想不到。”只要敢于想象，并将之付诸实际行动，你就有可能创造出奇迹。

〔**哈佛风采**〕

富兰克林·罗斯福是美国第32任总统，也是美国历史上唯一连任四届的总统。罗斯福在20世纪的经济大萧条和第二次世界大战时美国的崛起中发挥了重要作用。被学者评为美国最伟大的三位总统之一，同华盛顿和林肯齐名。他有一句名言来激发那些渴望突破又有所顾虑的人：我们唯一恐惧的就是恐惧本身。

有创造性的学生更容易得到哈佛的青睐

在哈佛这所世界上最知名的大学里，校长眼中的优秀学生应该是什么样子？“创造性、广泛的兴趣、独立思考能力”，这三点必不可少。

哈佛大学荣誉校长陆登庭教授在担任哈佛大学校长10年后退休。他认为，一流的学生不能仅凭数字来评估。对学生来说，考试是很重要的，但这不能代表所有方面，还有很多能力需要考查。在哈佛，对学生有一套完整的评估体系。

哈佛大学招收的学生非常有限，每年只招一千六百多个本科生，但申请的有两万多人。如何能成为一名哈佛的学生，陆登庭教授认为，不只是学习好，还要看他是否有创造性。仅有知识是不够的，探索未知的好奇心才是一流学生所必备的素质。

所以哈佛招收学生的时候要求有老师的推荐信，通过推荐信了解学生的情况。在招考时，学生要通过面试，让学校了解其更多的情况。此外还要让学生提交论文，以表明其在相关领域的兴趣。另外，如果这名学生不仅在学术上有很高的成绩，同时在发明创造方面有所特长，哈佛将更愿意予以考虑。在哈佛，有创造性头脑的学生很受欢迎。

兰德原来是哈佛大学的一名学生，一天傍晚他过马路时，被从面前驶过的汽车车灯刺得睁不开眼。就是这几束光芒，唤起了兰德的灵感：发明一种车灯，让它既能照亮前面的路，又不刺激行人的眼睛，岂不是两全其美？于是兰德开始了偏光车灯的创造发明。

经过一年的辛苦研制，第一块偏光片终于制成了。但当兰德申请专利时，却发现已有4人申请了此项专利。兰德并不气馁，继续埋头进行改进研究，3年后，功能更为完善的偏光片研制成功，专利局最终把这项专利授予了兰德。又过了两年，兰德争取到了40万美元的风险投资，世界上第一家车灯制造公司随之宣告成立。通过6年的不懈努力，兰德终于实现了他的梦想，将他发明的车灯装到了美国人的车上。

车灯的上市给兰德带来了可观的利润，是继续创新去迎接更大的挑战，还是停住脚步从此过着小康生活？兰德选择了前者。几年后，立体电影轰动了世界，但观众必须戴上兰德公司生产的眼镜才能入场，兰德又在这个项目上大捞了一把。

有一次，兰德的女儿天真地问他："爸爸，照片拍完能不能马上看到呀？"这句话又唤起他的创造灵感。经过多年研究，兰德发明了瞬时显像技术，照完相后能在60秒钟内洗出照片，这就是后来风靡世界的"拍立得"相机。

经过10年的发展，兰德经营的公司销售额猛增了50倍，利润也增加了10倍，兰德从当初的穷小子一跃成为美国著名的企业家。

善于做一个生活中的有心人，并且勇于创新是兰德成功的关键。由于他总是能在生活中细心观察，寻找创造发明的机会，且能开动脑筋，刻苦钻研，才会有后来的成就。如果缺乏创造性，不肯积极努力，他是很难有所作为的。

〔**哈佛寄语**〕

不管是生活还是学习，"创造性"总是能够给哈佛人带来意外的惊喜，它能把我们的想法变得充满价值。当今时代是一个信息爆炸的时代，它为哈佛人的创意提供了无限广阔的天地，一个好的创意有可能成就一名哈佛学子，而墨守成规、没有想法的人常常会被社会所淘汰，被自己的同行迅速地甩在后面。所以，行动起来吧，大胆去想、大胆去说、大胆去做，做一个有创意的人吧！

〔**哈佛风采**〕

哈佛大学入学部为了过滤成千上万的申请书，哈佛特意聘请了30位专家。对于那些写得很棒的论文作者，他们会调出他的SAT作文的卷子来对照。有的申请者在自我简历中写着参加了"科学营""天才营"等训练班，但是申请哈佛的学生本身就是众多学子中的佼佼者，因此这种差异化并不能给他带来很大的优势。而有一个申请者则脱颖而出，哈佛大学的老师看上了他在高中时为宣传环保而拍的短片，为学校排练的歌剧作的曲，以及用中文发表的文章。他虽然没修一科AP（高中修的大学课程），也不是学校的前三名，却被哈佛录取了。哈佛不看你已经做出来的，而是看你未来能做些什么，也就是看一个学生的创造性空间有多大。

天才也抵不过勤奋的“庸才”

在哈佛，勤奋是成功的助推器，勤奋就是同样的工作量你比别人更卖力地做以求尽善尽美地完成。如果你智力平庸、能力一般，那唯一带你通往成功的捷径就是勤奋。如果你有着很高的才华，那么勤奋会让你的才华绽放更多的光彩。你只要比别人更加勤奋，那么成功对你来说就会变得更加简单。

真正的精英并不是天才，而是付出更多努力的人

在哈佛这个充满竞争的校园里，懒惰的学生只会失败，只有那些拼搏者才能成功。要知道哈佛的教授们总是这样告诫自己的学生——每个人出生时都是一样的，而拼搏者的人生才会是绚丽多彩的。

精英们都是天才吗？班上学习最好的人都智力超群吗？当然不是，他们之所以得到得更多，是因为他们比常人付出了更多的努力。

英国画家雷诺兹曾对天才做过这样的阐释：天才除了全身心地专注于自己的目标，工作非常刻苦努力之外，与常人并无两样。

17岁就考入哈佛大学法学院攻读博士学位的华裔女孩吴羽洁一直在创造奇迹：13岁时连跳四级，以全美第一名的成绩考上美国加州大学；16岁时考上美国伯克利大学攻读硕士学位；17岁时又考取哈佛大学……不仅如此，她还被评为

“洛杉矶最高荣誉市民”“比尔·盖茨优秀学生”，因此被人们誉为“天才少女”。然而，面对人们的赞誉，吴羽洁却称自己算不上天才，她的成功除了努力还是努力。

自从吴羽洁的学习成绩达到全优后，母亲便开始通过“动感练习”来让女儿学习进度超前。这种“动感练习”就是在轻松的环境下，不分时间和地点，不拘形式地学习。因此，吴羽洁的整个中小学学习过程，在母亲的安排下整整超前了三学年。

上八年级时，吴羽洁参加了大学的早期入学计划考试。在2748名考生中，她以第一名的成绩顺利地通过了综合考试，连跨四年级直接升入了美国加州大学。13岁的吴羽洁因此成为一名少年大学生。进入大学后一年，吴羽洁被评为“全美大学最佳新生”。

从加州大学毕业后，吴羽洁以优异的成绩考上了美国国立大学之冠的伯克利大学攻读硕士学位。同时，吴羽洁还担任该大学的美国政治研究所所长助理。这年，吴羽洁还获得了“全美亚裔最佳新闻记者”“伯克利大学优秀女生领袖”“全美优秀中国学生”称号，并被全球发行量逾130万的著名杂志《现代都市女孩》评为2004年度“现代都市女孩”。

2005年1月，吴羽洁迎来了人生当中最重要的一个时刻——她参加了哈佛大学法学院的博士研究生入学考试。在报考人数高于往年3倍的情况下，她的考试成绩竟排在了前1%的优秀行列之中。于是年仅17岁的吴羽洁就被哈佛大学法学院顺利录取了。

拿到哈佛大学法学院的录取通知书，吴羽洁激动得泪光闪动，她不仅高兴，更为自己是一个中国人而自豪！这年5月，吴羽洁提前修完所有硕士研究生课程，以优异的成绩从伯克利大学毕业，并获得了“最高荣誉毕业生”称号。随后，吴羽洁正式进入哈佛大学攻读博士学位。进校之后不久，吴羽洁成为哈佛大学法学院极少数由校方提供奖学金的最优秀学生。

为培养实际工作能力，每一个假期，吴羽洁都要到美国最著名的法律公司，专门为影视、出版界人士解决法律问题。她还一直坚持为中国的英文报刊撰写稿件，帮助中国的学生提高英语水平。就这样，通过自己的不懈努力，吴羽洁终于用自己的汗水换来了今天的荣誉。

像吴羽洁这样的事例还有许许多多，举不胜举。这些人成功和快乐的唯一秘诀就是拼搏。没有谁一生下来就注定要成为作家、音乐家……也没有谁一生下来就注定是个无人能及的天才。但为什么有人就是作家、音乐家呢？原因很简单，还是那两个字——勤奋。

〔哈佛寄语〕

真正的精英并不是天才，而是付出更多努力的人。俗话说世上无难事，只怕有心人，这句话不也是拼搏能改写人生的最有力的证据吗？有些孩子在成长过程中总是依赖别人，不想付出哪怕一点点努力，哈佛用事实告诉我们，这样的孩子永远也不会有骄人的成就。

〔哈佛风采〕

2001年2月21日，哈佛宣布增加8300万美元的学生奖助学金，规定年收入低于6万美元家庭的本科生可以免除一切费用。除了免去费用以外，哈佛的学生还可以通过勤工俭学获取学校的助学金。所以各种各样的兼职在哈佛大学校内非常普遍。比如为盲人学生做笔记、做图书管理员等，挣到的钱基本可以解决生活问题。

成功和安逸是不可兼得的

成功和安逸是不可兼得的，选择了其一，就必定放弃另一个。今天不努力，明天必定后悔。哈佛告诉它的学生："学习时的痛苦是暂时的，未学到的痛苦是终生的。"

"并不是付出就能有回报，关键在于你选择了什么。选择什么，你就会得到什么，但是如果你什么都想选择，那么什么都不会选择你。"这句哈佛名师约翰·艾勒斯先生经常说到的话，也是无数哈佛人精于取舍的最佳写照。

有一次哈佛大学有位管理大师在台上演讲关于管理的课题，一位女士将问题写在便条纸上，交给台上的管理大师。

纸上这么写着：“我每天上班来回要花费三小时的车程，虽然有座位可以坐，可是车子摇晃不停，我没办法阅读或是听音乐，虽考虑过开车，可是很累。我也无法搬家，而且我热爱这份工作，更不可能离职。那么，我要怎么做才能省下每天浪费掉的三小时？”

管理大师在台上回复道：“学习管理，首先要了解你的时间中有哪些是属于可控制的，而哪些是属于不可控制的。例如车子摇晃是无法控制的，而自己可以掌控的就是换工作或搬家。”

女士接着说：“可是我不想搬家，我又非常热爱这份工作。”管理大师答道：“想和家人一起住不想搬家，喜欢工作不想换工作，这些都可以接受。不换工作、不搬家、不想开车，剩下可以改变的就比较少了，你可以试着少睡两小时，好好利用这段时间，然后在车上补觉。”

那位女士又接着说：“我已经习惯了原来的睡眠时间，改变过来会不习惯的。”管理大师说：“你每天晚上睡眠充足，第二天在车上发呆生气，又不愿意掌控时间来做调整，这样怎么能节省时间呢？”

在哈佛，人随时都面临选择，是休息还是学习？是碌碌无为还是成就一番事业？如果你选择了休息，也就选择了平庸；如果你选择了成就一番事业，也就选择了勤奋地学习。成功和安逸是不可兼得的，要做好选择的心理准备。特别是在哈佛学习强度大，睡眠很少，会有炼狱般的感觉，对意志力是一个很大的挑战。但是如果坚持下来了，以后再大的困难也就能够克服了。

要想获得，就要先舍弃。如果不能舍弃，就可能什么也得不到，这是取舍的智慧，同时也是哈佛教授教给我们的人生智慧。

〔哈佛寄语〕

人生似一条曲线，起点和终点是无法选择的，而起点和终点之间充满着选择的机会。有的选择严峻地出现在哈佛学子何去何从、前途未卜的人生十字路口上，这是决定人生的选择。决定性的选择需要果断和勇气。这果断和勇气，有预测和赌博的成分，但更多的是用知识和智慧得来的判断。

〔哈佛风采〕

哈佛大学过去一直实行学分制。大学本科学习4年，每学年分为两个学期。一门开设1年、每周3学时的课程，称为一个“整课程”；一门开设1学期，每周3学时的课程，称为“半课程”。修完一门“整课程”，可得3学分；修完一门“半课程”，可得1.5学分。一般说来，一学年的时间应当学习8个“半课程”，换句话说，每周平均上课12学时。虽从时间来看一周每天两小时很轻松，但哈佛真正看重的是你在课外对课堂知识的消化。为了深入了解课堂内容，你必须去图书馆参考大量书籍，只有勤奋的学生才能做出令人满意的答案。但从1986年开始，哈佛取消了学分制，以课题制取而代之。

H arvard 哈佛的04~06点钟

Ⅰ 要想变得强大，就要学习得更多

Ⅱ 面对压力，学会乐在其中

Ⅲ 博大的心量可以稀释一切痛苦烦扰

Ⅳ 有学问的人不需要花哨包装

Ⅴ 享受无法回避的痛苦

要想变得强大，就要学习得更多

学习是一件很幸福的事，如同拨一下柴火就能使奄奄一息的火苗升腾起大火一样，一个愚笨的脑袋也会因为学习而产生变化，所以哈佛的教授们总是告诫学生要珍惜这种机会，把学习视作自己的终身职业。在学习的道路上，停下来就会落伍。

学习知识很重要，奉献所学更重要

从“拿”到“给”，从依赖他人到独立自主，这是一个巅峰时刻，也是一个发生重要转折的时刻。哈佛人是一个杰出的群体，和以前聚集在这里的那些人一样。与过去不同的是我们现在所生活的世界要求深思熟虑，需要杰出的人。

哈佛大学专门建立了公共服务网，简称PSN。PSN为学生提供公共服务指南，满足学生为社区工作的需要。哈佛的每位本科生都承担着为社区服务的责任和义务。例如医学生，按照临床社工专业训练中心健康的标准，帮助人们解决很多实际问题：到老人院去照顾老人，帮助他们料理生活；到中小学辅导功课或到医院做看护。哈佛为学生提供各种各样的机会，主要是让学生懂得这样一个道理：无论一个人的学习过程有多长，他终究是属于社会的，用所学的知识回报社会，才是学习的最终目的。

第27任哈佛大学校长萨默斯在哈佛毕业典礼上曾进行过一次让人感触颇深的演讲。

大家下午好!

2002年的毕业生是我就任哈佛校长后的第一届毕业生，对你们来说，今天标志着结束和开始。这是你们以后生活的开始，我希望这也是把毕业典礼称作结束和开始这一陈旧传统的结束。

今天下午我以绝对的自信做出了一个断言：在我任哈佛大学校长期间，你们是给人印象最深的、最聪明的，着装最好的、最优雅的，最值得引以为傲的、最杰出的毕业班。现在，你们再次面临转折点，不是进入，而是离开哈佛，从某种意义上来说，这个时刻更为重要。

这是个重要的转折点，是从“拿”到“给”的转折，也是一个从依赖到独立的转折。你毕业了，就真的从一个“拿”和“吸收”的时期进入一个“给”和“奉献”的时期。自然，作为一名学生，你们对哈佛、对朋友、对你们的家庭都贡献良多。不过，当你走上社会的时候，我们对你的照顾会少一些，而对你的期待会多一些。

犹太的拉比王子曾说：“从老师那里我学到了很多知识，从朋友那里我学到得更多，可是从我的学生那里我学到得最多。”我确信，哈佛大学的全体教员都会同意这一观点。我说这话并不是劝你们去当老师，不过我也希望你们当中有人这么做。

我是在一个更宽泛的意义上来说的，你们所得到的最大满足感是通过帮助那些向你们学习的人而获得的。不管是你的兄弟姐妹、你的朋友同事，还是哈佛大学的学生，通过我们的毕业校友会，他们很快就会来找你，向你寻求帮助。你要帮助的不仅仅是你的同事、你的朋友和你的家人，你还要考虑到那些团体，那些你居住的地方，还有你生活的地球，并且要慎重考虑以一种什么样的方式去给予。

奉献的方法有多种，可以通过你的智慧，通过你良好的求知欲和解决问题的能力，要不断地提出新问题。你们已经进入生命中这样一个时期，从此你们将是自由的主体，你们不再依赖其他人，不过也还没有人要依赖你们。我知道，你们现在脑子里正想着的是你们的朋友。当你们照顾自己，当你们做职业规划的时候，要呵护这些友谊，这将是你们在将来所能做出的最好的投资了。

从吸收到给予，从思考到选择，从依赖到独立，这是重要的转型期。今天，聚到这个礼堂内的你们和以前的一些人都是最出色的。我们居住的这个星球比以往的任何时候都需要思考，需要出色的人。世界能不断向前发展，不是因为这种发展是必然，不是因为这种发展是来自天堂的恩赐，而是人们通过自己的努力来取得的，你们属于这批人。

同学们，我祝愿你们有最好的红运。从这里充满自信地往前走，记住，无论你们走到哪里，每条道路不仅联结起你们所迈向的地方，也联结起你们曾经所在的地方。

〔哈佛寄语〕

这个世界能够并且将会朝向更好的地方前进，并不是因为进步已经预定，也不是因为进步是某种天赐之物，而是因为人们能够通过自己的贡献取得进步。

72年前，科南特校长告诉1939届的哈佛毕业生："忽略时代的喧嚣，不要害怕成为你自己。选择可以充分发挥你的才智的奋斗领域，诚实无私地致力于你所选择的事业。如果要实现你的梦想，就不要管意识形态的纷争以及当时的斗争结果，以后会有人这么来描写你。"

〔哈佛风采〕

萨默斯可谓美国"神童"，16岁进入著名的麻省理工学院，28岁从哈佛大学毕业，并破例留校任教。一年后，他成为哈佛大学历史上最年轻的终身教授。1991年他离开哈佛，出任世界银行首席经济学家。1999年担任克林顿政府的财政部长。2001年3月，在包括前总统克林顿等众多社会名流和学者的候选人中，萨默斯脱颖而出，被哈佛董事局任命为第27任哈佛大学校长。

掌握使自己终生受益的学习能力

据哈佛大学的教授们统计，近10年来，人类的知识大约是以每3年增加一倍的速度向上提升。知识总量在以爆炸式的速度急剧增长，老知识很快过时，知识就像产品一样频繁更新换代，使企业持续运行的期限和生命周期受到最严厉的挑战。

在哈佛大学一座教学楼前的阶梯上，有一群即将毕业的机械系大四学生很快就要参加最后一门考试了，他们聚集在一起，讨论几分钟后就要开始的考试。他们的脸上显示出十足的把握，这是最后一场考试，接着就是毕业典礼和找工作了。

有几个说他们已经找到工作了，其他的人则在讨论他们想得到的工作。怀着对四年大学教育的肯定，他们觉得心理上已有充分的准备，能征服外面的世界。

他们知道即将进行的考试只是轻而易举的事情。教授说他们可以带需要的教科书、参考书和笔记，只要求他们考试时不能彼此交头接耳。

他们信心十足地走进教室。教授把考卷发下去，学生们都喜形于色，因为他们注意到只有五个论述题。

三小时过去了，教授开始收考卷。学生们这时不再有信心，他们脸上有难以描述的表情。没有一个人说话，教授手里拿着考卷，面对着全班同学，看着学生们忧郁的脸，问道："有几个人把五个问题全答完了？"

没有人举手。

"有几个答完了四个？"

仍旧没有任何动静，

"三个？两个？"

学生们变得有些坐立不安。

"那么一个呢？一定有人做完了一个吧？"

全班学生仍保持沉默。

教授放下手中的考卷说："这正是我所预料的结果。我只是想通过这件事告诉你们，即使你们已完成四年工程教育，但仍旧有许多有关工程的问题你们全然不知。这些你们不能回答的问题，在日常操作中是非常普遍的，所以你们还需要在实践中不断学习，不断完善自己的知识技能。"

许多人以为，学习只是学生时代的事情，只有学校才是学习的场所，自己已经是成年人，并且早已走向社会，因而没有必要再进行学习。哈佛大学的教授说："这种看法乍一看，似乎很有道理，其实是不对的。在学校里自然要学习，难道走出校门就不必再学了吗？学校里学的那些东西，就已经够用了吗？”其实，学校里学的东西是十分有限的。工作中、生活中需要相当多的知识和技能，课本上都没有，老师也没有教给我们，这些东西完全要靠我们在实践中边摸索边学习。

据初步统计，世界上IT企业的平均寿命大约为5年，尤其是那些业务量快速增加和急功近利的企业，如果只顾及眼前的利益，不注意员工的培训学习和知识更新，就会导致整个企业机制和功能老化，成立两三年就“关门大吉”。作为世界一流的名校，哈佛的学生从学校获得的并不只是一张毕业证，而是一种终身学习的能力，这种能力才是真正帮助他们在社会上出类拔萃的法宝。

〔哈佛寄语〕

“活到老，学到老。”在知识的海洋中，我们的智慧只是其中的一粒沙、一滴水，我们拥有的只是一颗饥渴的心灵，要不断地用学习来安慰它。如果故步自封，就只能成为时代的弃儿。

哈佛大学佛斯特校长的就职演讲道出了高等教育永恒的真谛：大学并不在于20年之后的所得，也并不意味着一名学生在毕业的那一天一定会成名成家；大学执意追求的是终生受用的求学精神，追求一种更换千百年来积淀的传统的机会，追求能改变未来的学识。

〔哈佛风采〕

其实，在哈佛，中途退学而后获得巨大成功的人不止比尔·盖茨一位。1894年，有一位哈佛大学一年级的学生，因迫不及待要进入石油开采行业而从哈佛大学退学。他后来果然因石油开采而成为美国的巨富，他就是霍华德·休斯。在1926—1932年间，有一位学生在哈佛大学断断续续地读了三年的书，最后他自动终止了在哈佛大学的学业。他后来获得了五百多项的专利，是继爱迪生之后美国最出名的发明家，他叫波尼·莱特。但是，在这些人身上，我们从未忽略过他们的一个共同品质，那就是不管何时何地都不忘学习。

面对压力，学会乐在其中

哈佛大学不惜重金在全世界范围内招聘优秀的教授、学者。为了能招聘到世界上最优秀的学者，哈佛大学每年都有专门的调查分析员将世界上最优秀的学者名单推荐给校方供其挑选。这也是哈佛大学的教授团队最终能够聚集世界上诺贝尔奖和普利策奖获得者的重要原因。哈佛大学对科研整体一流水平的重视程度可见一斑。换言之，在哈佛的教师队伍中，如果停滞不前，马上就有被淘汰的可能。

生活是一个永不闭馆的竞技场

哈佛教授经常给学生这样的告诫：如果你想在进入社会后，在任何时候任何场合下都能得心应手并且得到应有的评价，那么你在哈佛学习期间，就没有晒太阳的时间。在哈佛广为流传的一句格言是："忙完秋收忙秋种，学习，学习，再学习。"

2011年，网络上流传的哈佛大学凌晨4点的图书馆里，灯火通明、座无虚席的两张照片给人的印象颇深。

图片里的文字这样描述道：哈佛是一种象征。为什么人的潜能能够在哈佛发挥？为什么人的理想可以在哈佛实现？在哈佛的学生餐厅里很难听到讲话声，每位学生都端着食物边吃边看书边做笔记。哈佛的餐厅不过是一个可以吃东西的图书馆，哈佛的医院同样宁静，不管有多少人在候诊也无一人说话，无一人不在阅读或记录。

就像草原上每天都要上演的追逐赛一样——每天当太阳刚刚升起，隔夜的露珠还没有消失时，羚羊、狼群、狮子，还有其他大草原的动物就已经开始了一天的奔跑。最先跑起来的是羚羊。它们成群结队地跑过山冈，找到水源，在短暂的休息之后又开始新的奔跑。就在离它们不远的地方，也许就在附近的草丛里，狼群也在奔跑。它们奔跑是为了抓到羚羊。当狼群开始奔跑的时候，狮子也开始了奔跑。它必须赶在狼群之前找到食物，否则，今天可能又是一个忍饥挨饿的日子。

这是每天都发生在大草原上的一幕，每天都在上演的奔跑比赛。没有任何外在的力量来导演这一切。它们奔跑完全是来自内心的驱使——优胜劣汰，要么生存，要么死亡。

在哈佛，学习压力也来自淘汰机制。哈佛学子的每堂课都必须提前做大量的准备，只有课前准备充分了，上课时才能在课堂上和别人交流，表达自己的思想，和大家一起学习，否则就无法融入正常的学习中。

在课程的教学方式上，哈佛商学院是典型的代表，在轰炸式的案例教学中，学生被要求扮演各种不同的角色，无论是商人还是律师，都旨在使自身利益最大化。两年下来学生平均至少要攻读800个案例，每个案例的学习时间是12～18小时。这种轰炸式的教学方法，培养了学生敏锐的反应能力和良好的心理素质。

所以，在哈佛因为考试不及格或者修不满学分而休学退学的学生每年大约有20%，而且对这20%的学生的考评并不是在学期末才完成，每堂课都要记录他们的发言成绩，这些分数占到总成绩的50%左右。

担任哈佛大学校长达20年之久的美国著名教育家科南特说过：“大学的荣誉，不在它的校舍和人数，而在于它一代人的质量。”这一代人既包括了一流的教师，也包括培养出来的一流的学生。正因为教师在育人上坚持高标准，哈佛大学才得以成为群英荟萃、人才辈出的世界一流学府。

〔哈佛寄语〕

哈佛教授告诉学生们，生活是一个永不闭馆的竞技场，每天都在进行着淘汰赛。就像草原上每天都要上演的追逐赛一样，只有让自己跑起来才能生存，也只有跑起来的动物才能获得比同类更好的生存环境。所以，我们除了学习，还是学习。

〔哈佛风采〕

哈佛大学的学生们自1960年起进行期末考试前夜打开宿舍窗户尖叫10分钟的活动，从1990年开始每年进行两次的考前裸奔活动。2007年5月16日午夜，在美国哈佛大学校园内，全裸的两百多名男女学生在草坪上奔跑。他们给该活动起名为“原始的尖叫”。这是一直埋头准备期末考试的哈佛大学学生们为消除心理压力而上演的一幕疯狂的裸体活动。学生们和着观众的欢呼声，享受了十多分钟全裸的自由。攻读经济学的皮特·特伦伯达说：“为寻找刚出生时的原始感觉而跑步。”

压力有助于哈佛组建一流的科研团队

在哈佛不仅学生有压力，教授一样有压力。在哈佛的课堂，要求教授讲的东西都是新的，每年讲课的内容都要根据前沿科学的发展而变化。

是什么让哈佛大学始终能够处在世界最前沿科学的研究阵地？也许答案还是压力。

“组建一流的科研团队。”正如洛厄尔所说，“哈佛大学优于其他大学的最大的长处之一，是我们从最广泛的地方汇集了最广泛的思想。”早在科南特担任校长时，哈佛就将其战略目标定位为研究性的综合大学，由此可见哈佛大学对学术研究的重视程度。教授是学术研究的直接影响者，其学术能力和学术地位在考核中是居于首位的。

比如哈佛经济系有六十多个教授，分为助理教授、副教授、普通正教授、讲席教授、院级教授和校级教授六级。他们中不少人都是美国科学院院士、美国艺术与科学院院士、计量经济学会院士，但这些头衔全都是荣誉象征，没有任何实权，也没有专门的津贴，更不会与各种评奖挂钩。哪怕是诺贝尔奖得主，一旦申请不到资金，就招不到学生，紧接着就要关闭自己的实验室。

为了保证哈佛大学教授的一流水平，校长科南特说："大学者，大师云集之地。"哈佛大学教授结构的不同之处还在于，哈佛大学师资队伍的结构不是呈金字塔状，而是呈蜂腰状，即两头大中间小。教授和辅助人员人数最多，而助理教授和副教授并不多。

在晋升的压力下，一位助理教授如果在5～6年的时间还升不到副教授，其前途就令人担忧了，在这样的压力下，哈佛的教授们通常会刻苦钻研学术，积极创新，这点从哈佛大学化学与化学生物系、物理系的双聘教授庄小威身上就可以看出来。庄小威给人的感觉似乎总是一帆风顺：2001年被聘为哈佛大学助理教授；2003年获得美国麦克阿瑟基金会"天才奖"；2005年，美国著名的霍华德·休斯医学研究会从全美三百多位提名人中选出43位生命科学家，并在未来7年中向每位科学家提供700万美元的资助，庄小威榜上有名；2006年初，34岁的庄小威成为哈佛大学化学与化学生物系、物理系的双聘教授。

因为在哈佛，如果6年期间发表的论文没有达到要求的数量，就要走人。所以有些同事为了尽快发表论文，一般都会选择相对"安全"的课题。而庄小威一开始就打定主意，要选择有难度、有风险的课题。当获得终身教职时，有人问她："现在是否可以选一些比较重要的课题做了？"她表示："我一直是在找重要的课题做，从来没有想找容易的课题做。"

在哈佛，像庄小威这样的教授还有很多。哈佛严格而残酷的淘汰机制使得这里的每一位教授都不敢松懈和怠慢，而能始终保持积极进取的心态，勇于创新，这样，在众人的努力下，哈佛才能组建起一流的科研团队。

〔哈佛寄语〕

在哈佛，教授首先应当是个学者，能够享受挑战和创新的乐趣，而且能与他人进行有说服力的交流。压力是市场经济社会的特征。市场经济社会通过竞争产生压力，使人的潜能得到最大限度的发挥。其实压力对我们是很有用的。科学家指出，人的能力有90%以上处于休眠状态，没有被开发出来。很明显，如果没有动力，没有刻苦学习，没有磨炼，没有正确的抉择，积聚在人身上的潜能是不可能迸发出来的，而压力会给我们这样的动力。

〔**哈佛风采**〕

在1998年，哈佛的助理教授年薪就达56200美元，教授则达116800美元。这个数字还在持续上涨。在2005年度的排行榜上，哈佛大学教授年度工资163200美元，仅次于洛克菲勒大学，排名第二。哈佛大学的高薪酬战略吸引了世界许多一流科学家来到哈佛大学工作，对于保证其科学研究优先发展起到了稳定作用。

博大的心量可以稀释一切痛苦烦扰

哈佛能够成为世界一流的大学，与其博大的心量和开放的姿态是分不开的。开放，对哈佛大学来说是一种与世界沟通交流的方式和策略，更是一种心胸开阔的处世哲学，能使弱者变强，强者更强。

王者的风范，来自宽阔的胸怀

众所周知，从哈佛走出了8位美国总统，这当然不是偶然的。哈佛向来鼓励学生们积极参加社团活动，这所古老的学校希望自己的学生都能在社团活动中领悟到一个道理：王者的风范，来自宽阔的胸怀。

哈佛教授们常说："宽容的人拥有迷人的魅力。"奥巴马就为我们树立了一个很好的榜样。

美国历史上第一位黑人总统奥巴马1991年获得哈佛大学法学院法学博士学位。奥巴马能够赢得大选，与他宽于待人的态度是分不开的。有一家媒体带着戏谑的口吻说，奥巴马一共只有三年的从政经历，其中两年是在为自己的总统大选忙活；他当过的最高的官位也就是芝加哥社区组织者，相当于我们的居委会主任。可是选民还是将自己的票投给了这个论资历和经验都不足的人，成就了美国历史上的第一位黑人总统。

听一听奥巴马的获胜感言，我们就可以领略到他的魅力：“对于关注今夜结果的国际人士，不管他们是在国会、皇宫关注，还是在荒僻地带收听电台，我们的态度是：我们美国人的经历各有不同，但我们的命运相同，新的美国领袖诞生了。那些想要毁灭这个世界的人，我们必将击败你们。那些追求和平和安全的人，我们支持你们。那些怀疑美国这盏灯塔是否依然明亮的人，今天晚上我们已再次证明，美国的真正力量来源并非军事威力或财富规模，而是我们理想的恒久力量：民主、自由、机会和不屈的希望。”

很多身在海外的美国人后来发表文章说，当自己听到这样的话，他们因身为一个美国人而自豪，他们相信奥巴马会给美国带来新的希望。奥巴马不仅关心到海外的人，对于他的对手麦凯恩也非常尊重，表现出十足的绅士风度。

“刚才，我接到了麦凯恩参议员一个非常大度的电话。在这次竞选中，他付出了持久而艰巨的努力。为了这个他热爱的国家，他付出的努力更持久、更艰巨。他为美利坚做出的牺牲，超出了我们绝大多数人的想象。他是一位勇敢无私的领袖，正因为有了像他这样的领袖，我们才生活得更好。我对麦凯恩参议员以及佩林州长的成绩表示祝贺。同时，我也期待着在未来与他们一起为振兴国家而共同努力。”

在感受快乐的第一时间，他感谢了所有支持他的人：“我曾经是最没有可能的候选人。我们的竞选并非始于华盛顿的华丽大厅，而是起于德莫奈地区某家的后院、康科德地区的某家客厅、查尔斯顿地区的某家前廊。

“这些劳动大众从自己的微薄积蓄中掏出5美元、10美元、20美元，拿来捐助我们的事业。现在的年轻人曾被认为是冷漠的一代，但正是这些年轻人壮大了我们的声势。他们离开自己的家庭和亲人，拿着很少的报酬，起早贪黑地助选。上了年纪的人也顶着严寒酷暑，敲开陌生人的家门助选。无数的美国人自愿地组织起来，证明了在两百多年以后，民有、民治、民享的政府并未从地球上消失。这是你们的胜利。”

在受到诽谤后，仍能够宽容对方，表现出别人难以达到的胸怀，哈佛人的形象瞬间就会高大起来，因为他们的宽宏大量、光明磊落使哈佛的精神达到了一个新的境界，哈佛人的人格折射出高尚的光彩。宽容，作为一种美德受到了人们的推崇，作为一种人际交往的重要因素也越来越受到人们的重视和青睐。

〔哈佛寄语〕

哈佛大学教给学生这样一个道理：气量是一种高尚的人格修养，一种成大事的大将风度。气量实际上反映了一个哈佛人的素养和品性。气量的真正内容是宽容，用博大的胸怀对待他人，就等于给自己送了一份价值不菲的礼物。生活里多一点宽容，生命就会多一点空间和爱心，生活也就多一分温暖和阳光。

〔哈佛风采〕

巴拉克·侯赛因·奥巴马二世，出生于美国夏威夷州檀香山，祖籍肯尼亚。奥巴马是首位拥有黑人血统，并且童年在亚洲成长的美国总统。他1991年毕业于哈佛大学法学院，是第一个担任哈佛《法学评论》主编的非洲裔美国人。2008年11月5日，奥巴马击败共和党候选人约翰·麦凯恩，正式当选为美国第44任总统。2011年11月，福布斯2011权力人物榜上，奥巴马排名第一。

以开放的姿态迎接每一位学生

对哈佛大学来说，开放就是开放胸怀、开放信息、开放机会、开放成功。开放与封闭，两个世界，两重境界。开放，如流动的溪流，为有源头活水来；封闭如死水一潭，终究会变质干涸。

哈佛大学有一个整体开放的氛围，学生可以自由选择专业科目、参加不同的团体。哈佛大学日益国际化，有来自世界各地的学生，而中国学生在哈佛求学的人也很多。2004年，文理学院一共收到9500份申请，700名学生被录取。其中30%是国际学生，而中国学生占了国际学生的20%之多。

每年哈佛的本科部都录取好几位来自中国的高中毕业生，他们有的在美读了高三年级，也有直接从国内申请而来的。哈佛本科部的招生办公室十分重视来自中国的生源，并曾专程派人前往中国的重点高中介绍哈佛以及哈佛在中国的招生意向。

哈佛一贯奉行的招生准则之一就是努力争取精英学生入学。在这种唯才是举的教育精神引导下，一旦决定录取，学校，更确切地说是学院或者系科，就会竭尽全力为这位学生提供支付学费的各种渠道。文理学院院长柯伟林就此做法明确表示："我们之所以决定这么做是为了保证最优秀的学生得到最为优越的求学机会，来自社会不同阶层、不同种族背景和不同家庭经济条件的杰出的高中毕业生理应得到平等的、接受最好教育的机会。哈佛将继续接收出身于各种不同的社会经济阶层的优秀学生来求学。"

哈佛能够成为世界一流的大学，与其开放的姿态是分不开的。封闭和保守，是一种弱势和防守的心理，一种故步自封的被动哲学，只能使弱者更弱；而真正强大的人，会从开放的状态中获得更多的知识，而变得更加强大。

具有开阔胸怀的哈佛人，会主动听取别人的意见，改进自己的工作。

比尔·盖茨经常对公司的员工说："客户的批评比赚钱更重要。从客户的批评中，我们可以更好地吸取失败的教训，将它转化为成功的动力。"比尔·盖茨本人就是一个心态非常开放的人，他鼓励公司里每个人畅所欲言，当别人和他有不同意见时，他会很虚心地去听。每次公开讲演之后，他都会问同事哪里讲得好，哪里讲得不好，下次应该怎样改进。这就是世界首富的作风，也是他之所以能成为首富的原因。

哈佛大学并不缺乏成功人士，海外学子、本土人才、商贾天才、政界名流、教育精英、艺术大师……他们的出身条件、职业行业、专业背景、个性禀赋、兴趣特长、成长轨迹各异，取得成功的道路和成就也各不相同。但是，在他们身上几乎都有这样一个显著的共同点：人生模式非常开放，并且在相应的心态、思维、视野、思路、影响力、胸怀、个性、方法上都能找到开放的逻辑性。

如果你的心过于封闭，不能接纳别人的建议，就等于锁上一扇门，禁锢了你的心灵。要知道褊狭就像一把利刃，会切断许多机会及沟通的管道。

〔哈佛寄语〕

不打开自己，任何人都不可能学会新东西，更不可能进步和成长。开放的胸怀，是哈佛人学习的前提，是沟通的基础，是提升自我的起点。在一个组织里，最成功的人就是拥有开放胸怀的人，他们进步最快，人缘最好，也容易获得成功的机会。花草因为有土壤和养分的滋养才会茁壮成长、美丽绽放，人的心灵也必须不断接受新思想的洗礼和浇灌，否则智慧就会因为缺乏营养而枯萎死亡。

〔**哈佛风采**〕

哈佛非常看重学生包括人种、国籍、社团等多样性背景，它的录取率在7.2%左右，每年新生中有10.1%为国际学生。根据2011年的招生情况来看，全球报考34950人，准入2188人，最终录取1661人。近年中国学生录取人数不断升高，2009年有463名中国学生被哈佛大学录取，其中36名为本科录取；2010年，录取人数已经上升至541人，有41名学生为本科录取。据介绍，随着中国学生报考哈佛大学的数量日益增多，哈佛还专门设立了一个中国评审团，专门审阅中国学生递交的资料，至少有3人会审阅每名学生的申请。

有学问的人不需要花哨包装

只要你走进哈佛校园里，就会发现，偌大的校园里，不见华服、不见化妆，更不见到处游荡的人，有的只是匆匆的脚步声，坚实地写下人生的篇章。哈佛人是不需要任何包装的，丰盈的精神食粮和对知识的渴求就是他们最好的装扮。

“哈佛学生”或是“哈佛教授”，不是一份荣誉而是一种证明

哈佛有着其他学校无法比拟的荣誉，如果只沉醉于这种“身份荣耀感”，那么人生的境界就不可能太高，事业的成就不可能太大。当我们迷恋于自己的所谓“成功”时，我们已经被真正的成功者看成了“Loser”。

2002年，美国耶鲁大学举行了300周年校庆，校方邀请了全球第二大软件公司甲骨文的行政总裁、世界第四富豪埃里森参加典礼。埃里森当着耶鲁大学校长、教师、校友和众多的毕业生，演说了一番惊人的言论。

他的开场白是：“所有哈佛大学、耶鲁大学等名校的师生都自以为是成功者，其实你们全都是失败者，因为你们以在有过比尔·盖茨等优秀学生的大学念书为荣，但比尔·盖茨却并不以在哈佛读过书为荣。”

台下的听众瞠目结舌，迄今为止，像哈佛、耶鲁这样的名校从来都是令所有人敬畏和神往的。埃里森也太狂妄了吧，居然把那些骄傲的名校师生称为失败者。

埃里森接着说："众多最优秀的人才非但不以哈佛、耶鲁为荣，而且常常坚决地舍弃那种荣耀。世界第一富比尔·盖茨，中途从哈佛退学；世界第二富保尔·艾伦，根本就没上过大学；世界第四富，就是我埃里森，被耶鲁大学开除；世界第八富戴尔，只读过一年大学；微软CEO史蒂夫·鲍尔默在财富榜上大概排在十名开外，他与比尔·盖茨是同学，为什么成就差一些呢？因为他是读了一年研究生后才恋恋不舍地退学的……"

最后，埃里森"安慰"那些自尊心受到伤害的毕业生，他说："不过在座的各位也不要太难过，你们还是很有希望的。你们的希望就是，经过这么多年的努力学习，终于赢得了为我们这些退学者、未读大学者、被开除者打工的机会。"当然，埃里森的话不免偏激，但是也从某种程度上说明：身份和荣耀并不与成功成正比。

毕业于哈佛大学的潘基文从2007年1月1日起担任联合国秘书长。出生于韩国南部一个农民家庭的潘基文从小就立志成为一名外交官，并为此刻苦学习。1970年，潘基文以优异成绩从韩国国立首尔大学外交学专业毕业。大学毕业后，潘基文凭借优异的成绩通过外交部高级公务员考试，走上长达36年的外交官生涯。

除在外交部工作，潘基文还曾在韩国多位总统和总理身边担任要职，并得到赏识。1985年，潘基文在美国哈佛大学获得行政学硕士学位，回国后即被推荐前往国务总理秘书室负责礼宾事务。2006年10月9日，联合国安全理事会投票选举秘书长，潘基文在选举中获胜，成为第八位联合国秘书长。

对于取得的这些荣誉，潘基文并没有骄傲："有时候，我看起来会像一个温和的领导人，但我具有内在的力量，这就是在其他国家一般难以看到的东西，也是我们比较看重的美德——温和、谦逊。"潘基文常常这样提醒自己，他需要用这种独有的魅力来演绎自己的外交生涯。

潘基文担任高官后，并没摆出一副高高在上的姿态，而是保持一贯亲切和蔼的作风，进出外交通商部时，经常习惯性地替别人推门关门，很有绅士风度。工作中，他也一丝不苟，下属汇报工作时，有含糊其辞或者错误的地方，他都会亲切地指出，从不严词呵责。

虽然潘基文对工作要求很高，但与他相处的官员都没有怨言，潘基文有着很好的口碑。在担任外交官时，由于他为人诚实细致，不管把多么琐碎的业务交给他，他都能处理得井井有条，并且十分妥当，没一点抱怨的情绪，所以，同事都称他为“主事”。

〔哈佛寄语〕

许多时候，我们并不是跌倒在自己的缺陷上，而是跌倒在自己的优势上，因为我们常常警惕自己的不足，而把优势当成炫耀的资本，一些伟人或者成大事的哈佛人不过是因为能够理智地控制自己这个弱点。

〔哈佛风采〕

低调、沉稳、具有出色的口才和非同寻常的记忆力，这些是同事对毕业于哈佛大学的潘基文的评价。此外，他的外貌本就温文尔雅，加上待人亲切，且头脑敏捷、观察细致，总能敏锐地抓住细节，摆脱媒体和对手为他设置的陷阱，被西方媒体称为“和蔼可亲的外交官”。

100座图书馆是哈佛人的智慧之源

哈佛没有高楼大厦，只有新英格兰的红砖墙。即使诺贝尔奖获得者也不过在校园有一个绝不起眼的停车位。哈佛最起眼的是100座图书馆，尤其是一个个像图书馆那样的人，或者说，一个人就是一座图书馆。

哈佛的学生们常常说，有100座图书馆在，哈佛就会一直在。哈佛没有校门，公交车就在学校教学楼、图书馆门前停靠，间或还有汽车喇叭声，但哈佛学生并不觉得这里嘈杂、浮躁，走进图书馆，就走进了学习的圣殿。

20世纪20年代，林语堂入学哈佛时，曾对哈佛大学的怀特纳图书馆有一段精彩的描述：“我一向认为大学应当像一个丛林，猴子应当在里头自由活动，在各种树上随便找各种坚果，由枝干间自由摆动跳跃。凭它的本性，它就知道哪种坚果好吃，哪些坚果能够吃。我当时就是享受各式各样的果子的盛宴。对我而言，怀特纳图书馆就是哈佛，而哈佛就是怀特纳图书馆。我的房东太太告诉我，怀特纳图书馆的书，若是一本书接一本书那么排起来，可以排好多英里长。”

哈佛大学图书馆是美国最古老的图书馆，也是世界上藏书最多、规模最大的大学图书馆，在四百多年的发展中，共拥有馆藏1500万卷。这些蕴藏思想智慧的综合性的馆藏资源对哈佛师生的学习研究发挥着重要作用。

随着高科技对学术研究的渗透，图书馆越来越多地利用互联网和数码成像技术，方便哈佛学生在网上搜寻信息，给学术研究带来很多便利。和很多综合性的研究型大学一样，图书馆除了为哈佛本校的师生提供一流的研究设施之外，还接待来自美国和世界各地的学者。

哈佛图书馆的宗旨和理念非常明确：全力为学生、学者的教学、研究服务，尽量满足学生、学者的求学、研究之需。哈佛大学有大大小小将近100座图书馆，各家图书馆都有其无可替代的特色，充分显示了哈佛非中心化的体制。不同的图书馆藏书各不相同，面向不同的学者，侧重不同的研究领域，而且各家图书馆的经费也来自不同的渠道。在哈佛，对学生的培养、完成研究项目、开设一门课程、在研究领域内有所突破、吸引学者访学研究等，每一项都离不开图书馆。对一所高校来说，对于教授和学生，与研究项目和教学内容同等重要的是教学和科研的条件和设施，而图书馆和实验室则是哈佛最为重要的设施。

〔哈佛寄语〕

《纽约时报》载文：美国建国迄今43任总统中，有22位是爱书人，其爱书的程度，恰与其治国的出色程度成正比。就藏书量而言，罗斯福达15000册，杰斐逊7000册，菲尔莫尔4000册，华盛顿1000册……且看美国历史，爱书总统远较其他总统杰出，极不爱读书的三位总统则排在末尾。每个人的精力都是有限的，但通过书本，哈佛人却能知道很多事情、明白很多道理，更能让愚蠢的人变得智慧，骄傲的人变得谦逊，这也许正是哈佛那100座图书馆的意义之所在。

〔哈佛风采〕

哈佛十分重视教学，不管教授的学术水平多高，包括诺贝尔奖获得者，都必须给本科生上课。而每一门课的老师都要布置学生阅读至少10本以上的图书。学生们需老老实实把书借来，认真阅读，否则就会在讨论课上插不上嘴，也难以完成课程论文的撰写。读书对所有哈佛学生来说，都是很“辛苦”的一件事，在图书馆里读书到通宵，是不少哈佛学生都曾有过的经历。

享受无法回避的痛苦

没有经过风雨折磨的禾苗永远不能结出饱满的果实；没有经过锻炼的雄鹰永远不能高飞；没有经过磨炼的士兵永远不会当上元帅。这就是哈佛告诉我们的一个很简单的道理：一切事物如果想要变得更强，必须经过磨砺。

经历和痛苦都是人生不可或缺的财富

苦难如霜雪，它既可以凋叶摧草，也可使菊香梅艳；苦难似激流，它既可以溺人殒命，也能够济舟远航。对哈佛人而言，苦难则是人生的良师，是前进的阶梯。

西奥多·帕克是美国历史上颇具影响力的人物，为推动美国社会发展做出了巨大贡献。在美国，只要一提起“西奥多·帕克”这个名字，几乎是家喻户晓、妇孺皆知。但鲜为人知的是，他的奋斗历程比其他人都艰难。

西奥多·帕克是一边做农活，一边自学，最终考上哈佛大学的。由于家庭原因，在念大学的时候，他还得继续坚持自学。但完成学业时，他的成绩比谁都出色。通过他的奋斗历程可以看出，他能够取得成功的一个重要原因，是因为在艰苦的条件下他仍时刻争取机会学习。否则的话，他恐怕连书都读不成。

8月的一个下午，西奥多·帕克与父亲一起在地里做农活。帕克突然说：“爸爸，我想在明天参加哈佛大学一年一度的新生入学考试。”帕克的父亲是莱克星顿一位没多大本事的水车木匠，由于家里穷，他供不起儿子读书，为此感到十分惭愧。他知道，儿子虽然没能进学校读书，却一直在自学，而且非常用心，梦想有一天能考入一所名牌大学。他很佩服也非常支持儿子的做法，虽然在经济上无法给予援助，但还是答应了儿子的这个请求。

第二天，帕克起得很早，风尘仆仆地走了10英里路，赶到了哈佛学院。一路走来，他回想着从小到大的读书经历。从8岁开始，就失去了上学的机会，因为家里穷。但是，他想方设法赚钱买书，或借小伙伴的书抓紧时间学习。他惜时如金，做活儿、走路，甚至睡觉的时候，都一遍又一遍地在脑海里回忆和背诵学过的知识。最后，学过的知识都被他背得滚瓜烂熟，同时也十分透彻地理解了它们。

有一次，他在书店里看到一本好书，非常渴望拥有它。于是在一个夏天的早上，他背着箩筐到原野里采摘浆果，再把这些浆果送到波士顿去卖，最终用换来的钱实现了这个小小的愿望。

想到这些，帕克告诉自己：这次考试，只许成功，不准失败！等到揭榜那天，他果然金榜题名。当天回家，帕克把好消息告诉了父亲。“我的孩子，你真是好样的！”水车木匠拍手叫道，“可是，我没有钱供你到哈佛读书啊！”帕克笑着说：“爸爸，您不用担心。我不会搬到学校去住，只要利用家里的空闲时间来自学就够了。只要通过考试，我就能拿到一张学位证书。那样，什么都好办了！”

后来，帕克成功地做到了这一点，以优异的成绩回报了自己和支持他的亲人。时光飞逝，当年读不起书的那个小男孩成为一代风云人物。每当帕克回忆起童年在莱克星顿的岩石上和灌木丛中争分夺秒刻苦学习的情景，都会感到无限温馨与快乐，同时也觉得无比充实。

人生的许多道理，不是靠聪明就能够理解的，而是要靠痛苦后的彻悟。痛苦是人生的财富，它使强者更强。痛苦是智慧的第一抹曙光，如果说欢乐是朋友的话，痛苦则是挚友；如果说欢乐带来聪明和纯真的话，痛苦则带来深刻和成熟。

〔哈佛寄语〕

有些人一旦遭遇困难就会对自己的追求产生怀疑，并有可能半途而废；但有些人一旦认定自己的目标，就绝不放手，顽强拼搏的精神在他们的身上得到完美的体现。哈佛人成功的一个很重要的因素，就是心中有崇高的信念。当这个信念化作一种信仰深植于你的心中时，你便不会轻易把自己放弃。苦难和困境，对你来说正是对人生的历练。

〔哈佛风采〕

作为著名的废奴运动倡导者和社会改革家，作为国务卿西沃德、首席大法官蔡斯、著名参议员萨姆纳、哈里森总统、著名教育家贺拉斯·曼、废奴协会主席温德尔·菲利普斯等人的密友和事业顾问，毕业于哈佛大学的西奥多·帕克对整个美国的影响是不可估量的。

接受不可避免的缺陷

面对现实，哈佛人并不会束手接受所有的不幸。只要有任何可以挽救的机会，哈佛人就会奋斗！但是，当他们发现形势已不能挽回时，就不再思前想后，而是接受不可避免的事实，唯有如此，才能在人生的道路上掌握好平衡。

在哈佛的肯尼迪政治学院，常会听到关于富兰克林·罗斯福总统的逸事。这位毕业于哈佛的学子，用他的一生在践行哈佛精神。

富兰克林·罗斯福是美国第32任总统。他出生于纽约，父亲詹姆斯·罗斯福是个百万富翁，为他提供了优越的成长环境。但仅仅这些，还不能够使他成为一代伟人，是哈佛大学优良的人文精神使得他具备了做一名卓越总统的素质。他1910年任纽约州参议员，1913年任海军部副部长。

1921年夏，年近39岁正值壮龄的罗斯福在海中游泳时突然双腿麻痹，后经诊断是患了脊髓灰质炎（俗称“小儿麻痹症”）。这时他已做了参议员，在政坛上是个热门人物。然而遭此打击，他差点心灰意冷，退隐乡园。

开始时，他一点也不能动，必须坐在轮椅上，但他讨厌整天依赖别人把他抬上抬下，就在晚上一个人偷偷练习。

有一天他告诉家人，他发明了一种上楼梯的方法，要表演给大家看。原来，他先用手臂的力量，把身体撑起来，挪到台阶上，然后再把腿拖上去，就这样一阶一阶艰难缓慢地爬上楼梯。他的母亲阻止他说：“你这样在地上拖来拖去的，让别人看见了多难看。”

罗斯福毅然地说：“我必须面对自己的缺陷。”

执政后，罗斯福推行“新政”应对经济危机，取得了良好的成效。第二次世界大战初期，美国没有介入，但采取强硬手段，以“租借法”支持反法西斯国家。太平洋战争爆发，美国正式参战，为打败法西斯，取得战争胜利，起到了关键作用。63岁时，罗斯福因脑出血在任内去世。

罗斯福一直被视为美国历史上最伟大的总统之一，是20世纪美国最有声望和最受爱戴的总统，也是美国历史上唯一连任四届的总统。从1933年3月起，直到1945年4月去世时为止，任期长达12年。

在1950年哈佛大学的一次调查问卷中显示，这位身残志坚的总统成为哈佛学子心目中最杰出总统“第三名”，前两位分别是林肯与华盛顿。

〔哈佛寄语〕

泰戈尔说：“不要让我祈求免遭危难，而是让我能大胆地面对它们。”生活中，包括哈佛学子在内的任何人都会遇到许多不公平的经历，而且许多都是我们无法逃避的，也是无法选择的。我们只能接受已经存在的事实并进行自我调整，抗拒不但可能毁了自己的生活，而且也会使自己精神崩溃。因此，人在无法改变不公和不幸的厄运时，要学会接受它、适应它。

〔哈佛风采〕

“完全接受已经发生的事，这是克服不幸的第一步。太阳底下所有的痛苦，有的可以解救，有的则不能。若有，就去寻找；若无，就忘掉它。”

肖恩·凯利是哈佛大学哲学系教授、系主任，他主要教授20世纪的法国和德国哲学、心灵哲学、认知科学哲学、感知哲学、想象与记忆、美学和文学哲学。肖恩·凯利教授的研究涉及人类经验本质的哲学层面、现象学层面和认知神经科学层面。这使他具有了宽广的研究范围：例如其最近的研究工作主要涉及时间的经验、证明猿猴具有视盲经验的可能性；对《荷马史诗》中神圣性的理解。

Harvard 哈佛的06~08点钟

团队合作是哈佛人成功的保证

哈佛今天的荣誉和成就并不是光靠一两位优秀的领导、学生支撑起来的，而是多年来众多师生团结协作、共同努力的结果，所以哈佛非常强调和重视团队合作精神。学会合作，学会交换思想，在合作中实现共赢是哈佛人非常推崇的理念和行为。

再优秀的人也要学会在合作中共赢

能进入哈佛的人都是非常优秀的，但很少人会因此而忽视团队合作，这不仅得益于哈佛重视团队合作精神的教育，更因为多数人都知道，不要低估了你身边的人，他们也都是经历了很多才来到哈佛的。

优秀的哈佛人相信自己的能力，同时也深知一个人的力量总是有限的，个人的优秀无法支撑起辉煌的天空，所以他们在成长的过程中非常注重与人合作，希望在合作中增长自己的力量，实现共赢。

一位哈佛教授为了说明合作才能共赢的道理，给自己的学生讲了这样一个故事：

有一位果农，培植了一种皮薄、肉厚、汁甜而少虫害的新果子。正当收获季节，引来不少果贩纷纷购买，这位果农因而发了大财。

当地不少果农都很羡慕他，也想向他讨要一些种子。这位果农认为物以稀为贵，其他人也种这种果子将会影响自己的生意，所以拒绝了别人的请求。其他人没有办法，只好到别处去买种子。可是到了第二年果熟季节时，这位果农的果子质量大大下降了，果贩们也都不买他的果子了。这位果农只好将所有的果子降价处理，因此亏损了不少。

果农想弄清楚产生这种现象的原因，于是就找到了哈佛大学著名的植物学家咨询。植物学家告诉他："由于附近都种了旧品种果子，而唯有你的是改良品种，所以，开花时经蜜蜂、蝴蝶和风的传播，把你的品种和旧品种杂交了，你的果子当然就变质了。""那可怎么办？"果农急切地问。

植物学家提出的方法是让他将自己的好种子分给大家一起种植，在与人合作互惠中实现共赢。果农立即照植物学家的说法办了。这一年，大家都收到了好果子，个个喜笑颜开。

这位果农算得上是众多果农中的优秀者，在起初的时候，他想独享财富，谁知在短暂的独享之后便引发了灾难性的后果。之后他学会了与人合作互惠，不仅自己收获了成功，也帮助别人获得了财富，取得了双赢的成果。优秀的哈佛人经常以这个故事来自我告诫：再优秀的人也要学会在合作中实现双赢。

哈佛向来将自己的辉煌归功于众人多年合作努力的结果，成长于其中的哈佛人也非常明白，互惠双赢已经成为现代人生存和发展的一种共识，尤其是在市场竞争日趋激烈的今天，人与人之间有着强烈的竞争意识，更应该重视彼此的合作，争取双赢的结果。这样，优秀者才能走上事业的高峰，有更大的成就。

〔哈佛寄语〕

独木不成林，单人难成事，学会与人合作才是优秀之人的明智之举。学会合作，才会更好地达到目的；学会合作，才能更好地发挥团体的力量，更加快速地走向成功；学会合作，才能在竞争激烈的社会中增强抵御风险的能力，实现互惠共赢。

〔哈佛风采〕

哈佛大学的科学研究是处于世界领先水平的，这不仅因为在哈佛任教的不少教授就是当今世界上著名的学者、专家，更与哈佛重视团队协作的理念有关。每年，哈佛都会审批和实施一些重点科研项目，这些项目多是由众多专家、学者、优秀学生组成的项目组共同完成，每个成员在项目中各尽所能，保证了项目的顺利进行。哈佛的不少教授就是因为在合作研究中有所发现而共同获得诺贝尔奖的。比如，谢尔顿·格拉索、史蒂芬·温伯格，两人因用数字假说解释电磁场和弱力相互作用，于1979年共同获得诺贝尔物理学奖；戴维·休贝尔、托森·韦塞韦，两人因研究视觉系统中的信息处理过程，于1981年共同获得诺贝尔生理学和医学奖。

学会交换你的思想

团结合作是哈佛人成功的保证，而掌握正确的合作方法，学会交流思想则是合作顺利进行的必要条件。

曾经就读于哈佛的学子、微软CEO史蒂夫·鲍尔默说过：“一个人只是单翼天使，两个人抱在一起才能展翅高飞。”意思是说，个人的力量毕竟有限，与人合作则可能激发无穷的力量。哈佛人深知合作的重要性，在长期与人合作与磨合的过程中，不少人还意识到，要达成良好的合作，实现合作的目标，并不是没有讲究的。合作需要建立在相互交流和信任的基础上，尤其是要学会与合作伙伴交换思想。

鲍尔默与盖茨相识在哈佛校园，当时比尔·盖茨18岁，鲍尔默是哈佛二年级的学生。这两位数学疯子是在学校电影院里观看电影时相遇的，看完电影后他俩曾合唱剧中歌曲。对数学、科学、拿破仑的热爱使他们成了至交。鲍尔默和盖茨搬进同一个宿舍，起名为“雷电房”。他们在一起，整夜激昂地争论拿破仑，一个声音试图压倒另一个声音。

鲍尔默是一个极富激情的人。1975年，比尔·盖茨退学后去创业，劝鲍尔默也退学去帮他。让比尔·盖茨万万没想到的是，鲍尔默回绝盖茨的理由竟然是：

自己好不容易才当上哈佛橄榄球队的队长，不想就这样轻易放弃。

比尔·盖茨在微软初创阶段，事必躬亲，随着公司的日益壮大，比尔·盖茨渐渐因为管理上的琐事而烦恼。他随即意识到微软需要不懂得技术的智囊人物，于是，鲍尔默在比尔·盖茨的劝说下，从学校退了学，进了微软公司。

鲍尔默的出现无疑为微软增添了更多的活力与激情，而且他在管理方面的得心应手让比尔·盖茨终于得以从捉襟见肘的管理状态中挣脱出来，成为一名专职的技术负责人。

鲍尔默是早期微软公司中唯一非技术出身的员工。他对计算机没有兴趣，也不具备基础技术知识。但他与盖茨一样对数学都有着共同的兴趣。鲍尔默与盖茨不同的是，他善于社交。鲍尔默穿梭于哈佛的每一个角落，他似乎认识哈佛的每一个人。

人们普遍认为鲍尔默热情洋溢、精力集中、幽默有趣、真挚诚恳、尽职尽责、富有活力，他以特有的活力和信念鼓舞着微软。

比尔·盖茨能一跃登上世界财富的巅峰，与搭档的通力协作有着极大的关系。对于搭档给予的帮助，比尔·盖茨表示："我常常想，如果让我再次白手起家，只要有了艾伦和鲍尔默这两个老朋友也就足够了。"

学会与人合作固然重要，但合作也是需要讲究方法的，学会多与人交流、与人分享是合作中的一条重要原则。因为多与人分享和交换思想，可以增进彼此间的感情，更好地进行交流合作。

在哈佛的教育理念中，讲究合作、注重交流是非常重要的，而哈佛的学生也会以此作为自己的追求，他们在平时的学习和生活中十分注重与人建立良好的合作关系，掌握正确的合作方法，由此为自己的成功奠定了良好的基础。

〔哈佛寄语〕

合作与服从的区别在于，前者是思想上的互动，是平等的沟通交流，而后者是单一的输出，没有产生真正的沟通。在合作的过程中学会分享，善于与人交换思想，不管是快乐的还是痛苦的，是正面和还是负面的，都能赢得别人的信赖和好感，因为这意味着距离的靠近，感情的互解，交流的增进。做到多分享、多交流，合作才能顺利而良好地进行。

〔哈佛风采〕

哈佛人讲究团队合作精神，也十分重视意见的交流和思想的碰撞，这点从哈佛大学的上课方式就可以窥见一斑。在哈佛的课堂上，很少是老师授课学生听的方式，更多的是师生间的互动交流和学生间的讨论与交流。不少哈佛老师会在自己的课堂上将学生分成若干小组，先进行小组讨论，让小组成员之间相互交换思想和意见、分享心得，然后再由老师点拨和评论。

努力成为一个幽默智慧的人

一提起哈佛大学，很多人心中立刻会浮现出“蜚声中外的著名学府”“大师云集和精英会聚的沃土”等词汇。实际上，哈佛的特色并非只有这些，哈佛还有许多注重生活品位，懂得用幽默润泽人生的人。在哈佛人看来，幽默可以作为生活的调料，可以作为赢得喝彩的筹码。

幽默的力量不可小觑

在对幽默的认同和欣赏上，不少哈佛人都有一种共识，那就是幽默不仅是一种生活的智慧和调剂，也是一种才华、一种力量。巧借幽默，能为自己赢得喝彩，能在适当的时候为自己的成功助一臂之力。

哈佛的积极心理学课程很重要的一部分内容就是幽默，它几乎与我们对世界的理解的各个方面都有关。提到幽默的时候，我们会想到卓别林、钱钟书、林语堂等幽默大师。其实，幽默不仅仅是大师们的通性、是语言和表演的高级形式，也是一种对健康有很多帮助的良药。

当你笑的时候，15块面部肌肉都会动起来，你的颧肌正在提拉你的嘴唇。从生理动作上来说，笑这个动作是很神奇的，有人类学家甚至认为笑是人类文明的一个革命性的表情。笑会让血压变得更低，让全身的细胞都活动起来。如果你大笑两分钟，消耗的能量相当于跑了一个长跑。

另外，现代社会中抑郁症普遍存在，而笑就是治疗抑郁症的最佳药品。给一个严重抑郁症的患者开一些抗抑郁的药物，不如让他生活在一群快乐的人当中，感受快乐的氛围，他的抑郁症就会不治而愈。

幽默会带给我们身体和精神两方面的益处。人的身体可以分为交感神经系统及复交感神经系统两部分。交感神经系统负责让体内的化学物质降低，帮助我们应对恐惧和紧张。复交感神经系统主要负责让我们保持冷静，让我们的呼吸和心跳降低。幽默、冥想都可以激活我们的复交感神经系统。研究表明，一点点幽默也会增加我们的免疫能力。例如，让一个人看一个搞笑的视频，一个人看一个中性的视频，一个人看一个悲伤的视频，并把手都放在冰水之中。结果发现，看搞笑视频的会显著地比其他的人坚持得更久。这就是幽默神奇的力量。幽默可以改变我们身体的化学物质分泌，可以改变我们的免疫系统等。

有些人由于姣好的外貌而吸引人，但这相对于幽默来说，并不是什么大的优势。老师做了一个调查，问教室里有多少人因为另一个人长得不够漂亮而不会去和那个人约会。当时只有少数人举手，而当他问道有多少人因为发现对方完全没有幽默感而不会去和他约会时，几乎每个人都举手了。与一个没有幽默感的人约会，无疑是一种折磨。

幽默的人可以从不同的视角来看待世界上的事物，这样不仅在自己处理事情的方式上有很大改变，也可以被周围的人感受到，他们会放声大笑。所以，如果你身边的人很有趣，那么你也可以得到益处。

托尼·贝克研究人们写日记的情况后得到结论，当我们开始写日记的时候，神经活动的水平会有一个大幅度的上升，幽默也是同样，当幽默超过了一定的限度，也会给人一种短暂性的压力提升，但是之后还会回到正常水平。因此，幽默可以成为一种有效的治疗手段。例如大家围成一个圈，每个人把头放在另外一个人的肚子上，其中一个人“哈”一下，第二个“哈哈”两下，这样轮一圈，直到每个人都同时哈哈笑起来，这样的话每个人到最后都会觉得自己的幸福度提升了。

幽默还帮助我们改变自己的生活境况，我们认为不好的或不安的事物，也许用一种幽默的方式来理解就是一种幸运的、快乐的事情。

〔哈佛寄语〕

生活中，我们难免会陷入一些尴尬和困窘的境地，与其因此而不知所措，不如机智面对，借用幽默的力量避开窘境。幽默看似微不足道，实际上却蕴含着强大的力量，它不仅能作为生活的调料和人际关系的润滑剂，有时候还可使我们赢得别人的赞许和喝彩，收获成功与喜悦。

〔哈佛风采〕

每年的10月初，哈佛大学都会在桑德斯礼堂举行一个特别的颁奖典礼——搞笑诺贝尔大奖颁奖礼。这一奖项最早设置于1966年，此后每年举行一次评选，其奖项既包括生物、医学、物理、和平、经济、文学等固定奖项，也包括公共卫生、考古、营养学等随机奖项。奖项的评委会主要由《不太可能的研究之实录》的编辑们、科学家们（其中还包括几位诺贝尔奖获得者）、记者们和来自多个国家的各个领域的精英们组成，而获奖者则多是富于科学探索精神但又不囿于正统研究的人，他们或做了可笑至极的事情，或验证了有趣的实验结果，或在研究的过程中给人带来了欢乐。总之，整个“搞笑诺贝尔奖”从评选到颁奖都在搞笑，都不乏幽默气氛。

从此刻起，做一个幽默的人

“人不可貌相”这句话在哈佛得到了很好的验证。很多哈佛教授表面看起来很严肃，其实却是有着幽默本性的人，在他们看来，幽默是一种智慧，是一种艺术，不仅无伤大雅，还能为生活调味。

不少人以为，哈佛的教授多是在科研领域有着杰出成就的专家、学者，他们在科研方面一丝不苟，在教学上应该也是刻板而正经的，实际上并非如此。哈佛是学术自由的天地，哈佛中的不少著名教授都是和善而懂得幽默的人，他们总是不失时机地抓住事物有趣的一面，分寸得当地以诙谐的语言和动作，表达出自己的思想和意见。

哈佛大学的植物学教授布雷诺就是这样一个幽默风趣的人。他多年研究植物学，开设的植物学课程虽然是冷门课程，但只要是他的课，几乎堂堂爆满，甚至还有人站在走廊边旁听，并不是因为这位教授专业知识多渊博，而是他的幽默风趣传遍了全校园，使得学生们都乐意上这位教授的课。

有一次，该教授带领一群学生深入山区去做校外实习，沿途看到许多不知名的植物，学生好奇地一一发问，教授都详细地回答解说。一位女同学忍不住停下了脚步，对着教授赞叹地说："老师，您的学问好深广呀，什么植物都知道得那么清楚！"教授回头眨了眨眼，扮了个鬼脸笑道："这就是我为什么故意走在你们前头的原因了，只要一看到不认识的植物，我就'先下脚为强'，赶紧踩死它，以免露底！"当然，教授只是开了个玩笑，幽默一下而已，可学生们听了之后，个个笑得合不拢嘴。这次校外实习之旅不仅令学生们增长了见识，而且让每个人都心情愉悦，整个过程充满了欢乐。懂得适时幽默就是这位教授广受学生喜欢的重要原因。

哈佛大学的本·沙哈尔教授也是一个以幽默风趣赢得学生青睐的人，他讲授的课程"积极心理学"目前已经成为哈佛大学最受欢迎的课程。其实在学生们的眼中，心理学本是一门十分难懂的课程，是本·沙哈尔教授渊博的学识和幽默风趣的讲课方式使得原本晦涩的学问充满了趣味。这样不仅使得课堂氛围活跃了起来，也方便了学生理解和汲取知识，所以大家都非常乐意听他的课。除了自身幽默之外，他对幽默也有一些心理学方面的研究，沙哈尔幽默认为，幽默可以让我们的生活更加幸福，也可以让我们变得更加可爱。

幽默其实是很难被定义的，如果我们想要找到一些东西来定义幽默的话，关于幽默的一些东西似乎就要消失了——你越想挽救一只青蛙，它就死得越快，幽默同样也是如此。一些人天生搞笑，一些人天生就不搞笑，有些人觉得很好笑的东西，有些人觉得很无趣。尽管如此，我们还是可以通过学习前人的研究结果来理解幽默。

沙哈尔教授介绍幽默心理学研究领域中的三个巨人，"一个是弗洛伊德，一个是亨利·保尔森，最后那个就是我"。

提到弗洛伊德的时候，大部分人对他的了解往往集中在关于梦、潜意识和性上面。他写过一本名叫《笑话与潜意识》的书。“但这是一本最不搞笑的关于幽默的著作。”沙哈尔教授评价。在书中，他把我们人的潜意识分为内我、外我、超我。内我就是每个人都有的性欲，暴力等，外我就是做决定，超我则是强加给自己的限制。例如我们的内我是我非常想揍一个人，但超我可能就会阻止我们这样做。超我就是要施加限制，也就是说，在超我的压力下，真实存在的欲望没办法找到释放的出口，然后我们就变得抑郁。而这时候，幽默就是一种释放的出口。这就解释了为什么这么多的幽默都是关于性、政客的。

亨利·保尔森是第二个研究幽默的巨人。他认为幽默是一种社会改正方式，确切地说幽默是一种修正，作为一种心理释放。

“我相信幽默是一种我们可以透过其看世界的内心性学习，我们可以看到幽默本身是一种认知学习。我们通过它，看待进入我们周围的一切行为。”沙哈尔教授的这种说法或许有点拗口，其实就是说，我们怎样理解世界，就怎样去感受幽默。越是幽默的人，越是能够用乐观的态度或者是敏锐的思维去理解周遭的事情。我们的思维倾向决定着事物是否好笑，这种思维倾向就是我们控制的。

〔哈佛寄语〕

幽默是人类智慧的结晶，它不仅能令人发笑，也是一种生活的艺术和成功的智慧。一个具有幽默感的人，随时能发掘事情有趣的一面，欣赏生活中轻松愉悦的一面。这样的人，容易令人想去接近，从而能拥有好人缘，同时也能令生活更加有趣而舒适。

〔哈佛风采〕

哈佛大学十分重视对教授的评估，并以学生的评价作为对教授评估的重要参考。哈佛大学的教授75%～85%为聘任制，教授一般教3～4门课（12～16学分）。每一门课结束，由学生填表评估教授的教学态度、教学质量和教学效果，学生评价意见通常会作为教授晋升、涨工资的参考之一。此外，学生评价教授的意见在学校图书馆陈列一周，供学生选课、选教授时参考。因此，在这样的评价机制之下，哈佛教授们都是非常关注讲课方式和学生的感受，幽默风趣便是不少教授取胜的法宝。

热情使生命永远年轻

哈佛是古老的，也是热情的，哈佛的热情不仅体现在校园建筑普遍采用红色基调这一风格上，还流露于哈佛人语言和行为中。哈佛人始终保持着热情的本色，他们明白热情对于成功、对于人生的重要意义，也明白激发热情的方式。

热情让生命流光溢彩

热情是哈佛人的一大本色。哈佛是对外开放的，而且每天还有专人负责接待游人并进行热情解说；哈佛人对学习抱有极大的热情，在这里的每一个角落，几乎都能看到勤奋学习的人；哈佛人对生活和生命充满着热情……

热情是哈佛人非常推崇的一种生活态度，在他们看来，热情不仅能使别人深受感染，而且也能为自己带来诸多的好处。拥有热情，也就拥有了良好的心态，这样才能感受到生活的快乐和幸福；拥有热情，个人便获得了一种向前的动力，就能更好地激发自己的潜能，成就人生的辉煌。

哈佛学子伯莱德是深信热情力量的人，他虽然遭受了生命中的不幸，却能始终保持热情的本性，并凭借着热情而走出了逆境，让原本平凡而暗淡的生命流光溢彩。

伯莱德小时候因为一次车祸而失去了一条腿，由于怀着对知识和学习的热情，他坚持勤奋学习，最终考入了哈佛。

毕业之后，依照他的学识，他本来应该有很好的工作，但因为身体上的缺陷，他只能选择一份不需要站立和行走的工作，最终他进入了一家服装厂，从一名缝纫工做起。尽管这样的工作对于他来说有些大材小用，可他并没有因此而抱怨命运的不公，也没有因工作不顺而苦恼，而是很热情地投入这份工作中。每天，他辛勤地工作，在工作之余还给同事们讲笑话。在一天的工作结束后，他又痴迷于服装设计，每天晚上，他都会躺在床上看服装设计类的书籍。

因为待人热情、性格好，且有良好的专业知识，经常帮助别人解决困难，他在整个工厂里备受欢迎，周围的人深深为他的热情所感染。不久，厂长就将他提拔为服装设计师，他的生命迎来了一次转机。又过了不久，他设计的服装在全国的比赛中获了奖，他成为全国知名的服装设计师，他的精彩人生从此拉开了序幕。

正因为对生活、对知识、对生命充满着热情，哈佛学子伯莱德才能勇敢地面对困难，在逆境中仍然保持乐观向上的心态，积极进取，最终成就了人生的辉煌，让生命流光溢彩。

一些哈佛人在听完这个故事后，不仅深深地为伯莱德的热情所感染，而且还赋予了热情以重要的意义，认为热情就是驱使一个人超越障碍、实现梦想的能量所在，也是希望和奇迹产生的源泉，是令人生丰富多彩的重要因素。

〔哈佛寄语〕

人生可以没有其他东西，但是不能没有热情，一旦没有了热情，人生之树便枯萎了。热情是这个世界上最伟大的财富，它远胜过金钱、权力和影响力，拥有热情，就拥有了永不衰竭的生命力和不懈进取的推动力，同时也拥有了感染他人、获得他人青睐的力量，拥有热情的人生才会变得五彩缤纷。

〔哈佛风采〕

哈佛人的热情是世界公认的。进入校园，满眼都是代表着热情和活力的红色砖墙，而与这环境相衬，哈佛人热情的态度和精神风貌更是令人称道。哈佛校园算得上是美国著名的旅游景点，经常有来自世界各地的游人来此参观，哈佛人并不排斥游人，反而给予了游人诸多方便。比如，每天都有哈佛学生专门负责接待游人，并负责解说。而且，哈佛很多公共设施也是对外开放的，如哈佛的一些图书馆、运动场所、教室等。

做最感兴趣的事，它能激发你的热情

哈佛人不仅保持着热情的本色，时刻铭记以热情拥抱生活、拥抱生命，以热情感染身边的每一个人，同时也了解保持热情、激发热情的最佳方式——做自己感兴趣的事情。哈佛人认为兴趣是一种神奇的力量，能激发个人对事物的热情，使人拥有进取的欲望。

让学生根据自己的兴趣自主选择课程，并根据学生的能力因材施教是哈佛重要的教学特色。哈佛时常告诉学生：要想获得成功，就必须重视自己的兴趣，努力培养对某一事物浓厚的兴趣。

兴趣与个人需要以及情感有关，是激发个人热情，促使个人不懈努力的重要动力。如果一个人对某种事物产生了兴趣，就会通过直接或间接的方法，积极热情地参与活动，这样就会大大增加成功的概率。历史上许多人的成功和辉煌就是从兴趣开始的。这方面，哈佛人熟知的人物便是达尔文。

达尔文是英国著名的生物学家，进化论的奠基人。他曾进行过五年的环球旅行，对大自然有着深刻的了解，写下了对生物科学研究起着重大作用的《物种起源》。达尔文的成功，可以说源于其从小就有的好奇心及对一切事物感兴趣的心理。

达尔文小时候就对周围环境非常感兴趣，特别喜欢钻研问题。一天，小达尔文跟着父亲到花园里散步，花坛里盛开着五颜六色的花，美丽极了。他见其他花有好多种颜色，而报春花只有黄色和白色两种，就对父亲说："爸爸，要是报春花也有很多种颜色，那该多好呀！"父亲笑着说："或许你可以自己想想办法。"

过了几天，小达尔文对父亲说："我已经想出了一个非常好的办法，我要变一朵红色的报春花送给你。"

父亲随口应道："聪明的孩子，如果你成功了，你将变出英国第一朵红色的报春花。”谁知几天之后，达尔文果然拿着一朵火红色的报春花来到父亲面前。

父亲非常惊奇，忙问他是怎么做到的。

“研究出来的呗。”小达尔文骄傲地说，“你曾经说过，花每时每刻都在用根吸水，并且把水传送到身体的各个地方去，于是我就想让报春花喝些红色的水，传送到白色的花朵上，那么花不就会透出红颜色来了吗？昨天，我摘了一朵白色的报春花，把它插到红墨水里，今天它就变成红色的了！”父亲顿时明白了，连夸达尔文聪明。

由于达尔文对大自然有着浓厚的兴趣，经过孜孜不倦的探索，他后来成了伟大的生物学家。

心理学家认为：“兴趣是一个人能量的激素。”对一件事物产生浓厚兴趣的人，他的智能会得到充分的发挥。其实不仅是达尔文，世界上许多科学家的成功也是与对于科学研究的兴趣分不开的。哈佛人希望能在事业上有所成就，因此也非常重视兴趣在成长和成功中的重要作用，他们中的不少人都善于发现和培养自己的兴趣之花，以兴趣激发热情，最终创造了精彩人生。

〔**哈佛寄语**〕

兴趣是一种看不见的神奇力量，它能极大地激发个人的潜能和热情，能使一个人忘记劳累，始终怀着愉悦的心情去探索和学习。兴趣是可以培养的，只要你永远拥有一颗孩子般好奇的心灵，并能用心体会和发现，你就能找到或培养出兴趣。

〔**哈佛风采**〕

陆登庭教授曾是哈佛大学的名誉校长，在谈到哈佛的招生标准时，他特别强调了兴趣的重要性。他说，在哈佛录取学生的时候，兴趣广泛的人往往能获得加分。如哈佛会要求报考的学生提交论文，以表明其在相关领域的兴趣；哈佛在面试时会询问学生的兴趣爱好，如果学生拥有强烈的好奇心，在艺术、科学等领域有兴趣爱好，那么在录取中就会很有优势。因为在哈佛人看来，兴趣是促使个人进步的重要力量。

“世界一流”不仅是荣誉，更是责任

哈佛的名声已经超过同时代其他大学，它是全球学子的梦想之地。这不仅是哈佛的殊荣，也意味着哈佛要以培养世界性的人才为己任，要把让世界更加美好的使命感传递到每个学子的心中。哈佛非常看重对责任感的教育，时常教导学生做人要有责任心，只有能承担得起责任，才能成就大业。

做人要有责任心

做人要有责任感，要学会对自己、对他人、对社会负责，要学会承担自己行为的后果，这是哈佛精神的重要内涵，也是哈佛对学生们的基本要求。哈佛对责任感的高度强调深远地影响了学生的未来。

责任心是哈佛在录取和培养学生时十分看重的一种素质，相比于成绩顶尖而没有责任心的学生，责任感强、爱好广泛而成绩优秀的人更容易获得哈佛的青睐。不仅如此，在哈佛的培养计划中，责任感教育一直被放在重要的位置。由于长期受到这种理念的教育和影响，哈佛学子们的责任感普遍强于一般人。哈佛学子、美国著名的政治家本杰明·富兰克林一直是哈佛人的骄傲，他有责任心、敢于承担责任的故事也一直在哈佛流传着。

本杰明·富兰克林小时候很喜欢钓鱼，经常和小伙伴们到波士顿郊外的一个地方去钓鱼。这个地方的鱼很多，但水边有一片泥塘，有鱼上钩的时候，必须站到泥塘里才能抓住它们。

一天，富兰克林发现，在泥塘附近，有许多用来建造新房地基的大石块。于是，他爬到石堆上面，大声地对小伙伴们说："我有办法了，我们可以用这些石块来建一个小小的码头。这样就不用总踩在泥塘里了。"

小伙伴纷纷表示赞同。于是，他们开始搬运石块，建造小码头，不一会儿，石块就搬完了。小码头建好后，大家便高兴地回家了，边走边谈论着第二天的钓鱼。

第二天早晨，建筑工人发现所有的石块都不翼而飞了。一位细心的工人沿着脚印一路寻找，终于找到了失踪的石块。他立即跑到石块的主人那里去告状。石块的主人决定查明原因。孩子们都非常害怕，富兰克林也是如此，但到最后，他还是主动承认了自己的错误，承担起了责任。在父亲询问他为什么要这么做时，本杰明说："要是我仅仅是为了自己，我绝不会那么做。但是，我们建码头是为了大家都方便。如果把那些石头用来建房子，只有房子的主人才能使用，而建成码头却能为许多人服务。"

父亲严肃地批评了他，并告诫他应该对自己的行为负责，更应该对公众的利益负责。富兰克林牢记父亲的教诲，在之后的人生道路上一直牢记责任心，不仅勇于对自己的行为负责，更牢记对他人和社会的责任感，终于成为美国有史以来最杰出的政治家和外交官之一。

做人要有责任心，要对自己的行为负责，尤其是要对公众利益负责，这是富兰克林从父亲那里学到的道理，也是哈佛学生听完故事后的收获。哈佛学生时刻牢记做人要有责任心的道理，并积极践行着，努力使自己成为能担负得起大任的人才。

〔哈佛寄语〕

具有一颗崇高的责任心，就拥有了生命的脊梁和成就大事的魄力。一个人只有真正懂得了责任的意义和内涵，并付诸行动时，才算是走上了伟大的征程，这样的人，往往能在成功的道路上走得更加顺利。

〔哈佛风采〕

做人要有责任心是哈佛对学生的基本要求。但凡没有责任心的人，即使是学习成绩优异，也会在哈佛入学考试的面试环节中被淘汰。在哈佛校园中，学生经常被要求对自己的行为负责。哈佛很少会让犯错的学生请家长来学校，而是让学生为自己的所作所为负责，接受一定的惩罚。

能承担得起责任，才能担负得起大任

“能承担得起责任，才能担负得起大任”是哈佛在责任心教育方面的重要语录，也是哈佛学生常用于自我要求、自我激励的话。这句话的意思是说，我们不仅要对自己的问题负责，即使有些问题并不是自己直接造成的，但当面对的时候，我们也应该勇于担当，而不能推卸责任。

哈佛人将责任作为一种素质，更将它作为一种荣誉。在他们看来，勇于为自己的行为负责实际上是成熟的标志，有责任感的人才有资格担当大任，成就一番事业。

约翰和戴维是联邦快递公司的两名新职员。他们俩工作都非常认真努力，受到了上司的赏识，然而一件事却改变了两个人的命运。

一次，约翰和戴维共同负责送一件装有古董的贵重包裹到码头。出发前，上司反复叮嘱他们要小心。没想到，送货车在快到码头的时候坏了。为了及时将货物送达，两人只能选择背着邮包前行。

此时，戴维不住地埋怨约翰没在出发前将车检查一下，而约翰选择了为自己的行为负责，他背起邮包，一路小跑，终于按照规定的时间赶到了码头。这时，戴维说：“我来背吧，你去叫货主。”当约翰把包裹递给他的时候，戴维没接住，邮包掉在了地上，古董也被摔碎了。戴维见状，大声地责备着约翰，而约翰只轻轻地辩解了一句就不作声了。约翰和戴维都知道，古董的价值昂贵，打碎了它，不但会丢掉工作，而且还将背上沉重的债务。果然，经理对他俩进行了严厉的批评。

“不是我的错，是约翰不小心弄坏的。”戴维对经理说。

当经理问约翰是怎么回事时，约翰将事情的原委告诉了经理，并说：“这件事情是我们的失职，我愿意承担责任。另外，戴维的家境不大好，我愿意帮他承担责任。我一定会尽快弥补上我们造成的损失的。”

几天之后，经理把约翰和戴维叫到了办公室，对他俩说：“公司一直很器重你们两个，想从你们当中选择一个人担任客户部经理，没想到却出了这样的事情，不过，能承担大任的人选我也想好了。”

戴维暗喜：一定是我了。

经理说：“我们决定请约翰担任公司的客户部经理。因为，一个能够勇于承担责任的人是值得信任的，也是能委以大任的，至于戴维，你明天不用来上班了。”原来，古董的主人清楚地看到了两人递接古董时的动作，并告诉了经理，经理根据事情发生后两个人的反应，最终做了这样的决定。

“能承担得起责任，才能担负得起大任”是这个故事蕴含的道理，同时也是哈佛人推崇的。多数优秀的哈佛人都明白，那些能够勇于承担责任、积极解决问题的员工在每个企业领导眼中都闪耀着金子一般的光泽，这是他们受到赏识的关键所在。至于那些推卸责任的人，他们不仅放弃了成功的机会，还相当于放弃了别人对他的尊敬，这样的人怎么能赢得成功？

〔哈佛寄语〕

责任感不仅体现着个人的精神素养，更能使一个人变得强大，它是衡量一个人成熟与否的重要标准，也是一个杰出人士必备的素质。我们应该时刻注重培养自己的责任感，使自己成为一个能担大任的人。

〔哈佛风采〕

责任感是哈佛教给学生的宝贵财富。曾就读于哈佛，后担负起治国大任，成为美国总统的人物中，没有一个不是勇于负责和有担当的人。约翰·肯尼迪总统从小就能对自己的行为负责，勇于承认错误；富兰克林·罗斯福从不为自己的失责找借口，而总是想办法弥补和解决问题。

自信是哈佛的一种信念

自信是哈佛人的特质，也是哈佛人的一种信念。能进哈佛的人，算得上是“天之骄子”，自然有足够的理由自信；成长于哈佛，享受着先进的教学资源，更能获得成功，是哈佛人自信的缘由；成功者需要支点，自信才能脱颖而出，这是哈佛人一直坚守的信念。

成功者必须寻找到自信的支点

哈佛人深知自信对于成功的重要意义。一个人要想获得成功，是需要具备多种条件和能力的，而自信就是其中重要的一点，可以说，自信是成功的支点，是帮助个人成就大事的一种特殊力量。

曾经就读于哈佛的美国文学家、思想家爱默生说过：“有信心的人，可以化渺小为伟大，化平庸为神奇。”哈佛学子约翰·肯尼迪也正是凭借自信的力量才不断打破自身的局限、不断超越和进取，最终成为美国历史上最有魅力的总统。他曾对家族中另一位成员说过这么一句幽默的话：“在我看来，我除了当总统，别的什么也干不了！”可见，自信在一个人成功的过程中是多么重要！在哈佛，还广泛流传着这样一个有关自信的故事：

哈佛医学院的詹姆斯教授有位叫威尔逊的朋友。威尔逊在创业之初，全部家当只有一台分期付款赊来的爆米花机，价值50美元。他在做生意赚了一些钱之后便决定从事地皮生意。

当时，在美国从事地皮生意的人并不多，因为战争刚结束，经济不景气，买地皮修房子、建商店、盖厂房的人很少，地皮的价格也很低。当亲朋好友听说威尔逊要做地皮生意时都坚决反对。可威尔逊凭借着自己对市场需求预测的高度自信，仍旧坚持自己的想法。

于是，威尔逊用手头的全部资金再加一部分贷款在市郊买下很大的一片荒地。这片土地由于地势低洼，不适宜耕种，所以很少有人问津。可是威尔逊亲自观察了以后，相信这块土地在不久之后将变得抢手，所以他毫不犹豫地买下了这片土地。他的预测是：美国经济会很快繁荣，城市人口会日益增多，市区将会不断扩大，必然向郊区延伸。在不远的将来，这片土地一定会变成黄金地段。

后来的事实正如威尔逊所料。不出三年，城市人口剧增，市区迅速发展，大马路一直修到威尔逊买的土地的边上。由于这片土地地段很好，而且周围风景宜人，于是价格倍增，许多商人竞相出高价购买，但威尔逊认为这块土地还有更大的利用价值和升值空间。

后来，威尔逊在这片土地上盖起了一座汽车旅馆，命名为“假日旅馆”。由于它的地理位置好，舒适方便，开业后，顾客盈门，生意非常兴隆。从此以后，威尔逊的生意越做越大，他的假日旅馆逐渐遍及世界各地。

在创业之初，威尔逊并没有多少资金，唯一能凭借的就是自信和对市场前景的乐观分析，可就是这小小的自信支点，为他撬开了财富之门，迎来了成功。哈佛人从这个故事中悟出了这样的道理：自信是个人战胜困难，取得成功的支点和动力，想要成功的人，应该努力找到自信的支点。

〔哈佛寄语〕

自信是一种积极的思维方式，它能让一个人多看到事物好的一面，将人从失意和自卑中挽救出来，让人能更加乐观地面对问题，更积极地解决问题，这样，自然就更容易取得成功。

〔哈佛风采〕

有人在研究毕业于哈佛且又功成名就的人物的成长经历时发现，这些人对自己都有一种积极的认识和评价，从而产生自信，自信对他们成长的作用是不可忽视的。比如哈佛历史上先后担任美国总统的8位学子，几乎人人都很自信。

敢于毛遂自荐才会脱颖而出

自信被认为是哈佛人的一种重要特质，哈佛人也常以此为傲。自信的人，会在适当的时候毛遂自荐，勇于表现，这样才能更好地抓住成功的机会，从众人中脱颖而出。

自信不仅没有什么不好，反而能促进成长，对于成长十分有益。为了激励学生养成自信的品格，在适当的时候勇于毛遂自荐、积极表现自己，哈佛哲学系的一位教授在讲授希腊哲学时说了这样一个故事：

苏格拉底是古希腊著名的哲学家、思想家、教育家，他在当时名望很高，也很有建树。在风烛残年之际，他知道自己时日不多了，就想考验和点化一下他的那位平时看来很不错的助手。他把助手叫到床前说："我需要一位最优秀的传承者，他不但要有相当的智慧，还必须有充分的信心和非凡的勇气……这样的人直到目前我还未见到，你帮我寻找和发掘一位，好吗？"

"好的，好的。"这位助手很认真、很坚定地说，"我一定竭尽全力去寻找，不辜负您的栽培和信任。"

于是，这位忠诚的助手就开始想尽一切办法为自己的老师寻找继承人。然而他领来一位又一位，都被苏格拉底否决了。有一次，病入膏肓的苏格拉底硬撑着身体坐起来，拍着那位助手的肩膀说："真是辛苦你了，不过，你找来的那些人，其实都不如你……"

半年之后，苏格拉底眼看就要告别人世，最优秀的人选还是没有找到。助手非常惭愧，泪流满面地坐在病床边，语气沉重地说："我真对不起您，令您失望了！"

“失望的是我，对不起的却是你自己。”苏格拉底说到这里，很失望地闭上眼睛，停顿了许久，又说，“本来最优秀的人就是你，只是你不敢相信自己，才把自己给忽略、给耽误、给丢失了……其实，每个人都是最优秀的，差别就在于如何认识自己、如何发掘和重用自己……”话没说完，苏格拉底就永远离开了这个世界。

那位助手非常后悔，甚至整个后半生都在自责。

因为不自信而忽略了自己，因为不敢毛遂自荐而使自己错过了成功的机会，是这位助手后悔和自责的原因。通过这个故事，哈佛教授意在告诉自己的学生：人可以仰慕别人，但是绝对不能忽略了自己；人可以相信别人，但首先最应该相信的人就是自己。想要成功，就需要自信，敢于毛遂自荐，这样才能把握好机会，做成功人生的缔造者。

〔哈佛寄语〕

一些人常常希望得到别人的推荐，却很少敢毛遂自荐，这其实是缺乏自信的表现。只有在内心相信自己很优秀，并且能在适当的时候毛遂自荐，勇于表现自己，才能够走出成功人生的第一步，从众人中脱颖而出。

〔哈佛风采〕

不少哈佛学子从迈入哈佛校园的那一天起，就立志做一个成功的人，他们踌躇满志，对未来充满着自信。曾经就读于哈佛，后来成就突出的不少名人都曾经留下了关于自信的格言。比如爱默生曾说：“自信是成功的第一秘诀，自信是英雄主义的本质。”林肯总统也说过：“喷泉的高度不会超过它的源头，一个人的事业也是一样，他的成就不会超过自己的信念。”

H arvard 哈佛的08~10点钟

Ⅰ 像捍卫尊严一样捍卫原则

Ⅱ 最谦卑的时候才是最接近伟大的时候

Ⅲ 诚实守信，方能历经考验

Ⅳ 超前意识成就领先

Ⅴ 把握机遇，你就是自身命运的书写者

像捍卫尊严一样捍卫原则

每个学校都有自己的办学理念和坚守的原则，哈佛也不例外。哈佛能容忍学生特立独行的个性，能容忍学生有这样那样的小缺点，但当有人违反了哈佛的原则，逾越了底线时，哈佛也绝不会妥协。

在原则问题上没有“妥协”

在哈佛，不要指望有人会因为与你关系好而纵容你、为你的行为埋单，即使是你最好的朋友也是如此，因为哈佛人都是很讲原则的。哈佛像看重名誉一样看重原则，时常教育学生为人做事应该坚守原则，在原则问题上绝不能妥协。

原则是哈佛一直坚守的东西，在教育学生的过程中，哈佛有着自己的原则，并且一直致力于将学校的原则理念内化为学生自己的一种精神追求。为人做事应该坚守一定的准则。只有坚持自己的原则，一个人才不至于迷失，所以一旦遇到有违原则的事情，即使有暂时的利益，也绝不能妥协。坚守原则是哈佛人的本质，也是不少哈佛人能堂堂正正、光明磊落地过好一生，最终走向辉煌的重要原因。

哈佛学子、美国前总统乔治·布什是个原则性很强的人，他坚持“一就是一、二就是二”的原则。他认为空军1号就是空军1号，空军2号就是空军2号，“只有总统才能在南草坪上着陆”。

1981年春，当时身为副总统的布什在空军2号飞机上。突然，布什接到国务卿黑格从华盛顿打来的电话："出事了，请你尽快返回华盛顿。"几分钟后的一封密电中告知总统里根遇刺，正在华盛顿大学医院的手术室里接受紧急抢救，飞机掉头飞向首都华盛顿。

飞机在安德鲁斯着陆前45分钟，布什的空军副官约翰·马西尼中校来到前舱为结束整个行程做准备。飞机缓缓下滑时，马西尼突然想出了个主意，他说："如果按常规在安德鲁斯降落后，再换乘海军陆战队的直升机飞抵副总统住所附近的停机坪着陆，再驾车驶往白宫，要浪费许多宝贵时间。不如直接飞往白宫。"

布什考虑了一下，决定放弃这个紧急到达的计划，仍按常规行事。

"我们到达时，市区交通正处高峰时期。"马西尼提醒道，"街道上的交通很拥挤，坐车到白宫要多花10～15分钟的时间。"

"也许是这样，但是我们必须这样做。"

马西尼点点头："是的，先生。"说着走向舱门。

看到马西尼中校疑惑不解的表情，布什解释道："约翰中校，只有总统才能在南草坪上着陆。"布什坚持着这条原则：美国只能有一个总统，副总统不是总统。

可以说，布什的这种做法很好地诠释了哈佛坚守原则的精神，他在特殊情况下仍旧不在原则问题上妥协的精神是值得我们钦佩和学习的。坚守原则是一个人道德品质的体现，也是个人正确处理事情的重要前提。如果一个人没有了做人的原则，也就没有了衡量自己对与错的尺度，那样就很容易走入迷途，甚至犯错，这样又怎么可能找到成功的钥匙呢？

〔哈佛寄语〕

不仅是做事时不能在原则问题上妥协，人与人之间的交往也要遵循一定的原则。为人处世坚持原则，有所为，有所不为，才不至于迷失前进的方向，才能赢得信任、换来幸福。坚守原则，不会因为情况特殊而轻易改变的人比一般人更容易成功。

〔哈佛风采〕

哈佛建于1636年，比美国建国还要早140年，是一所以培养研究生和从事科学研究为主的综合性大学。哈佛推崇原则和真理，尽管这里的学术氛围活跃，可对于原则的坚持却是执着的。哈佛有着严明的校规校纪，如果触犯就必然会受到惩罚；哈佛明确规定了学生每学年应该修得的学分，如果不合要求就会被淘汰；哈佛告诫学生不要无原则地相信师长或者书本上的话，必须实事求是。

谁也无法触碰哈佛的原则

在很多哈佛人看来，没有原则便没有哈佛。哈佛大学向来以学术成果斐然、校规严明而著称，无论是多有成就的哈佛学子、多么声名显赫的政界人物，还是多么富有的企业精英，谁如果触犯了哈佛的原则，哈佛也绝不会妥协。

哈佛在原则问题上是绝不会妥协的，在哈佛的教育理念中，原则是不可触碰的底线，没有任何人在任何情况下可以破坏它，否则就要受到无情的惩罚。

哈佛大学最早的图书馆建于1638年，当时哈佛图书馆的藏书量远没有现在丰富，为了保护图书，并让更多人分享丰富的图书资源，哈佛大学在很早的时候就定下了一条校规：学生在图书馆借阅学校的珍贵图书只能留在图书馆阅览，不得带出图书馆。后来，哈佛大学的图书馆越建越多，但这一校规却被一直保留了下来。

在18世纪的某一天，一名学生借阅学校里的两本珍贵线装图书，因为当天没有看完，他便违反校规把两本图书带出了图书馆，准备看完之后再偷偷放回图书馆。谁知当天夜里，哈佛大学图书馆发生了火灾，所有图书焚烧殆尽，那名学生带出的两本图书可能是哈佛大学所剩的最后两本珍贵图书。这名学生经过一番激烈的思想斗争，还是郑重地将书还给了学校。

人们都觉得这名学生保护了哈佛的图书，谁知，哈佛校长的最后决定却让人吃惊。哈佛大学召开校会，校长对该学生提出了表彰，对他保留了学校最珍贵的图书表示最高的谢意，然后却又当众宣布开除这名学生。

这位校长说了一段至今仍为人们所铭记的话："你保留了学校最珍贵的图书，理应得到赞赏。但你违反了校规，理应被学校开除。没有这一套严格的管理制度，整个学校就不能正常运转。我不能因为你一个人，破坏了整个学校的校规。”

让校规管理哈佛，比用其他东西管理哈佛更安全有效，这是哈佛长期坚持的理念。在哈佛校长看来，校规是不可触碰的原则，一旦有人违反校规，不管是怎样特殊的情况，都应该依据校规，给予惩罚，绝对没有情面可讲。

除了严守校规之外，哈佛还坚持着一些不容触犯的原则。如哈佛始终坚持学术自由、学术自治和学术中立的3A原则（这三个原则英文单词第一个字母均是A）；哈佛培养学生时始终坚持培养学生思考能力和综合素质的原则。

〔哈佛寄语〕

坚守原则不仅是个人为人处世的重要准则，也是一个学校、机构、国家正常运行的重要标准。不坚持必要的原则，学校、机构、国家的正常秩序就无法维持，甚至还会有崩溃的可能。

〔哈佛风采〕

哈佛大学恪守的原则是任何人都不能触犯的，即使是非常优秀的学子，一旦触犯了哈佛的原则，都要受到惩罚，甚至被开除。在历史上，哈佛开除了不少学生，现代奥运史上的第一个冠军康诺利就是其中之一。1896年，首届现代奥运会在希腊首都雅典举行，当时正在哈佛大学读古代语言专业的学生康诺利得知后跃跃欲试，但哈佛认为他去参加比赛会打破学籍管理制度，于是就反对他去参赛，可他没有听从学校的劝告，毅然前往雅典。在比赛中，康诺利获得了冠军，可哈佛大学却以破坏校规为名开除了他的学籍。直到1949年，哈佛才改变决定，授予80岁的康诺利名誉博士学位。

最谦卑的时候才是最接近伟大的时候

在哈佛人看来，自信很可贵，但适当的谦卑也是不可或缺的，他们时常以“当我们最为谦卑的时候，便是我们最接近伟大的时候”这一印度诗人泰戈尔的名言告诫自己在必要时要学会谦卑。

充实的禾穗头顶辽阔天空，脚踏广袤大地

哈佛人向来习惯以自信的形象示人，但也不会掩饰自己谦逊的一面。哈佛学生经常接受着这样的教育：自信是成功的支点，谦卑却是成功者应该具备的一种美好品德，这就像颗粒饱满的稻穗是低着头的，只有空瘪的稻穗才昂着头。

哈佛重视自信，但也并没有抛弃谦逊的美德，哈佛的教授们时常告诫学生，谦逊是一种美好的德行，它能让人正确地认识世界和个人的能力，学习改变世界的知识与能力，从而不断进步和成长。本杰明·富兰克林是哈佛学子中成就卓著的一个，他从傲慢而变得谦卑的故事，是哈佛教授们一直津津乐道的。

本杰明·富兰克林年轻时是一个骄傲自大的人，他言行傲慢，咄咄逼人，一点都不懂谦逊，即使是走路时，他也总是趾高气扬的。

有一次，他去拜访一位有名的哈佛教授，在进门时不小心被门框狠狠地撞了一下，额头上当即就露出了一道红印。富兰克林非常尴尬，一边搓揉着撞疼的额

头，一边非常生气地盯着那道比一般住所要矮很多的门框，还不住地观察四周，当他确定周围没人看见时才总算放心了。不料，这时教授从里面走了出来，笑着对富兰克林说："年轻人，撞疼你了吧？如果你要懂得生活，你就必须学会在该低头时低头，该谦卑的时候谦卑啊，你不觉得今天很有收获吗？"

接着，教授又意味深长地说："趾高气扬在许多年轻人的身上都有体现，他们总是爱把自己评价得过高，直到某天也撞上了矮矮的门框，才后悔自己把头抬得过高遭受了重创。其实，要想穿过一扇门，就得让自己的头低过门框；而要想登上山峰之巅，就得让自己低头弯腰，努力向上攀登，做人有时候不得不谦卑一点啊。"

随着时光的流逝，尽管富兰克林额头上被碰撞的红印早已消失了，但哈佛教授的话却深深地印在了他的心里。此后，他变得非常谦逊谨慎，并把"学会低头"写进了他的行为准则之中，这为他的成功加了不少分。

的确，为人谦虚，在适当的时候学会低头，虚心请教，我们才能看到世界的广阔，了解到自身的不足和缺陷，这样，我们才能永远保持着求知欲和进取心，自强不息，朝着美好的理想和光明的未来前进。

〔哈佛寄语〕

谦逊是为人的重要素质，也是成功者必备的一项美德。普通人学会谦虚，有一个"空杯"心态，这样才可以注入更多的"水"，学到更多的知识；位置站得高的人懂得谦卑和低头，这样才能保护自己、登上新的人生高峰。

〔哈佛风采〕

在哈佛有一种观念，谦卑者是高尚的，地位越高的人，就应该越谦卑。在哈佛，不少教授的学术成果斐然，是世界上这一领域中数一数二的专家，可他们仍旧异常谦逊，他们时不时地去听新来教授的讲课，和自己的学生交流和探讨，以启发灵感。

妄自尊大，好比井底之蛙

哈佛的教授很欣赏自信的学生，但对于狂妄自大的学生却是有些鄙视的。在他们看来，一个人可以自信，却不能自信得过了头，妄自尊大的人就像是井底之蛙，活动的范围和视野都非常有限的，能做的事情也就十分有限。

在哈佛，妄自尊大、眼中没有别人、看不到别人长处的人是很不受欢迎的，这样的人不仅很难在哈佛交到朋友，有时连常规的学习活动都无法正常进行。相反，那些懂得谦虚的人就受欢迎得多。因为多数哈佛人都明白，狂妄自大的人就像是井底之蛙，往往没有什么真学识，却总习惯以小眼睛看人，而且看不到自己的缺点。为了警示那些狂妄自大的人，教育大家学会谦虚，一位著名的哈佛教授还讲了这样一件事：

哈佛大学是世界著名的学府，每年都有不少学术论坛在此召开。在一次大学学术论坛后的晚餐中，一位年轻的化学博士因为论文提纲得到教授通过而感到非常高兴，甚至有些得意忘形了。当他看到自己身边正好站着一位老者时，忍不住大加议论，夸夸其谈起来。他说了很多狂妄自大的话，口中蹦出了一大堆方程式，似乎颇有见地，甚至，他更以悲天悯人的姿态，去批评科学的误用为人类发展带来潜在的危机和一些学者的错误等。这位老者只是认真地聆听着，时而点头以示附和，时而摇头表示不赞同。小伙子见了，讲得更起劲了，他向老者详细解释了很多化学现象，他恐怕老者不明白，更不厌其烦地举出例子做解说。

当说得口干舌燥的时候，他停了下来，询问老者是做什么的，老者很谦虚地回答，自己是做化学研究的。后来，旁边的人告诉他，这位老者是毕业后就留校，一边从事化学研究，一边教学，其研究成果多次在学界获奖，算是世界上化学领域一流的专家。小伙子感到尴尬，如此有成就的人却能这么谦逊，只是倾听却没有点破自己的无知，自己略懂皮毛，却在专家面前班门弄斧，着实不该。

很多哈佛人以这个故事警醒和教育自己，应该时时保持谦虚谨慎的态度，而不要像个井底之蛙一样，知识和能力有限却唯恐别人不知，聒噪不已。的确，真正有学识的人，更应该保持谦虚，谨言慎行。拒绝狂妄自大，我们才能更清醒地认识到天外有天，人外有人，明白世界上的知识是无穷无尽的，这样，我们才能不断进取，开创广阔的前景。

〔哈佛寄语〕

我们应该学会谦逊，拒绝骄傲自大。谦逊的人是最高尚、最值得钦佩的人，也是最积极上进的人。因为谦虚的人明白学问无穷，而自己的知识和能力有限，从而能脚踏实地去努力。而妄自尊大的人无意中会在自己与外界之间竖起一道无形的“城墙”，会变得越来越狭隘、自私、目中无人，如井底之蛙。这样的人，是永远也干不了大事的。

〔哈佛风采〕

在哈佛，无论是上课还是进行课外活动，常常会以小组、小团体的形式进行。例如，上课时教授经常会布置一个问题，然后让小组讨论和思考；哈佛要求学生以小集体的形式去做义工，然后统计小组表现等。因此，想要与别人融洽合作，首先应学会谦虚。狂妄自大、不懂得尊重别人的人是很难融入集体的，也是很难在哈佛健康成长的。

诚实守信，方能历经考验

在哈佛，诚信被视为不可触碰的底线，再优秀的人，如果没有诚信，也是无法在哈佛立足的。哈佛之所以在诚信教育方面煞费苦心，是因为每个哈佛人都明白，信誉是宝贵的财富，在信息时代，诚信更是成功的“引擎”。

诚信，信息时代的成功“引擎”

哈佛要培养的不仅是世界一流的学术人才，更是道德上优秀的人才，所以哈佛在德育方面是颇费苦心的，而诚信教育则是哈佛德育中的重要内容，哈佛对此十分重视。

诚信向来被视为一种重要的品德，是一个人的处世之本、立世之基。到了信息时代，科学技术和计算机技术的发展日新月异，对于诚信的重视不仅不能消减，反而应该加强。因为在人与人、人与社会密切联系的信息时代，个人诚信和企业信誉的传播不仅仅局限于狭小的领域，而且会在较大的空间中广泛传播，这样，个人和企业的行为就处在了公众的监督之下。如果讲究诚信，个人和企业会获得好名声，对于日后的成长和发展是十分有利的；而如果为了眼前的利益放弃诚信，将造成长久和重大的损失。

哈佛人深知讲究诚信的重要作用，所以时刻以诚信自律。为了让学生明白诚信的重要性，一位哈佛教授还举了这样一个例子：

林江是中国的一名学生，在读高中时父母将他送到了美国的中学学习，高中毕业后报考了哈佛大学。他的各方面表现都很优秀，笔试成绩也非常好，所以顺利地进入了哈佛的审查和面试阶段，但最终结果出来，他被淘汰了，原因就是他有不诚信的行为。

原来，林江在留学美国期间，一直过着半工半读的生活，也常常要乘坐公交、地铁等。他发现当地的车站几乎都是开放式的，不设检票口，也没有检票员，甚至连随机的抽查都非常少。凭着自己的小聪明，他精确地估算了这样一个概率——逃票而被查到的比例大约仅为万分之三。他为自己的这个发现沾沾自喜，从此之后，他便经常逃票。他还找到了一个宽慰自己的理由：自己还是个穷学生嘛，能省一点是一点。谁知，他有两次逃票被发现并被记录了下来，他的不诚信行为使他被列入了黑名单。哈佛大学在对林江进行考查的时候，在互联网上查到了这一记录，所以断然拒绝了他的入学申请。

在哈佛看来，一个成绩不好、能力有限的人还可以培养，但如果一个人有诚信问题，那连培养的机会也不可能得到，因为缺失诚信的人，成就再高，也不会对社会有益，还可能危害社会。哈佛重视社会责任感，所以绝不会录取缺失诚信的人。

〔哈佛寄语〕

我们应该坚持诚信这一为人处世的根本原则，诚实做人，诚信做事，积极为成功储备能量。在信息时代更应如此，因为在这个信息高度发达的社会，诚信是成功的引擎，拥有诚信的人往往能获得更大的成功。

〔哈佛风采〕

在录取学生的时候，哈佛有严格的诚信审查机制，一旦发现学生有不诚信的行为，哈佛会直接将其淘汰。比如，在2005年的时候，哈佛大学商学院就取消了119名申请者的入学资格，理由是这些申请者在学校发放录取通知书之前，使用“黑客”手段侵入学校网站偷看录取结果。在哈佛看来，尽管这些学生的计算机技术很好，可他们的这些行为触犯了哈佛坚守的诚信原则，所以绝不能容忍。

信誉是最宝贵的财富

哈佛大学经过三四百年的精心经营，已经用它首屈一指的学术地位和出类拔萃的毕业生群体在全世界树立了良好的信誉。哈佛人向来将信誉作为最宝贵的财富，认为哈佛能有今天的成就，与其始终看重诚信教育、重视信誉的精神是分不开的。

不少哈佛人认为，哈佛的成就是建立在信誉的基础上的，所以在如今已经声名显赫的哈佛，每个人仍将信誉看成是宝贵的财富。同时，哈佛是商业人才的培养摇篮，而诚信在商业中的作用是不容忽视的。所以在哈佛，几乎没有人会忽视信誉问题。在一次经济学课堂上，一位哈佛教授给学生讲了这样一个故事：

1835年，摩根先生成为一家名叫“伊特纳火灾”保险公司的股东。摩根先生本来觉得自己非常聪明，因为按照公司的规定，他不用马上拿出现金，只需在股东名册上签上名字就可成为股东，于是他只是签了个名就等着收益了。

谁知，不久之后，在伊特纳火灾保险公司投保的一个客户家里发生了火灾，按照规定，公司必须进行赔偿，可是如果完全付清赔偿金，保险公司就会破产。股东们一个个惊惶失措，纷纷要求退股。

摩根先生斟酌再三，认为自己的信誉比金钱更重要，他四处筹款并卖掉了自己的住房，低价收购了所有要求退股的股东的股份。然后他将赔偿金如数付给了投保的客户。这件事过后，伊特纳火灾保险公司成了信誉的代表。

公司是保住了，可摩根先生已身无分文，无奈之中他打出广告，凡是再到伊特纳火灾保险公司投保的客户，保险金一律加倍收取。他本来对客户来投保并没有抱多大的希望。不料，客户很快蜂拥而至。原来在很多人的心目中，伊特纳火灾保险公司是最讲信誉的保险公司，这一点使它比许多有名的大保险公司更受欢迎。伊特纳火灾保险公司从此崛起。

许多年之后，摩根的公司已成为华尔街的主宰。而当年的摩根先生正是后来成为美国亿万富翁的摩根家族的创始人。

拥有信用的人，相当于拥有一笔无形的财富，摩根先生的成功，得益于他诚信的品质。正因为讲求信誉，摩根先生在最贫穷、最危急的处境中找到了出路，并逐步走向了成功。哈佛商学院的学子们经常以摩根先生作为自己的榜样，并以其因讲究信誉而渡过难关、成就辉煌的事例鼓励自己坚守诚信，重视信誉。

〔**哈佛寄语**〕

其实，不仅是在从事商业活动时要讲究诚信，重视信誉，在任何时候都应该如此。人生在世，需要社会上很多人的帮助和支持，而帮助都是建立在诚实信用的基础上的，讲究信誉，才能赢得别人的青睐和支持，所以在平时一点一滴地积累和维护信誉，相当于在积累宝贵的财富。

〔**哈佛风采**〕

哈佛不仅关注学生的诚信问题，对于教授的诚信，尤其是他们的学术诚信也是非常注重的，那些在学术上弄虚作假的教授，一定会受到惩处。2010年8月，哈佛大学学术委员会向世界发出正式通告：该校的心理学和进化生物学系教授豪瑟在学术上有不诚信行为，如捏造实验结果、学术论文造假等。鉴于此，哈佛决定让豪瑟对自己的学术不诚信行为负全责。

超前意识成就领先

哈佛是教育的领头羊，它不断制定新的标准来优化资源、培养人才。在历史上，哈佛涌现了不少拥有超前意识的学生，正是因为具有卓越的远见和敢为天下先的勇气，他们才独辟蹊径，走出了一条不寻常的成才之路。

不断超前的前提是不断总结

哈佛大学在诸多方面走在世界教育前列，比如现今众多大学都采用的“学分制”，就是哈佛的首创，成为培养学生的一个重要方式。今天，哈佛考虑到学分制的种种问题，再一次自我革命，提出了课题制的教育方案，不能不说，哈佛从来不偏安一隅，而是在不断总结和反思中不断改进。

20世纪初，哈佛大学刚开始实行学分制不久，有55%的学生只选初级课程，75%的学生选课没有重心；学生选课极少考虑知识结构；课程体系不系统，显得支离破碎。这种全开放的自由选修制曾一度造成了教学的混乱，学生既未达到专的要求，也未达到博的目的，影响了学习质量。

之后，哈佛大学的历任校长对选修制和学分制进行了一系列改革。

一是提出了“集中和分配”的理论。哈佛规定本科生在获取学士学位选修的16门课程中，有6门“集中”在主修领域，另外6门“分配”在社会、人文和自然科学3个领域，其余课程由学生自由选择。1914年开始的这项改革对埃利奥特的自由选修制进行了必要的限制，保证学生接受的是系统的教育，做到博与专很好地结合。

二是引入了导师制。导师指导学生分析选课方案，指导学生安排学习计划，引导学生品德修养等；使学生既能自主安排学习，又能遵守人才培养规律。大学所有教师都可以担当起导师的作用。为此，学校还成立了选课指导委员会。凡是学生自己设计的课程体系须提交详细的设计报告，由所在学院学术委员会批准。导师制的引入使学分制从学的角度和教的角度两相融合，相互补充，学分制进一步完善。

三是实施荣誉学位制。劳威尔在研究英国大学教育体制中发现，牛津大学实行的荣誉学位考试制度对激励学生奋发向上、提高学习质量大有裨益，这也是英国大学在世界上有较高地位的重要原因。于是，他决定将这一制度引入哈佛，规定凡是申请此荣誉者，在本专业上必须出类拔萃，申请前提交的论文质量须在A等，且各科成绩均为优等。获此荣誉的学生可免修最后一年的全部课程，以便集中精力准备毕业论文。它的设立有力地激发了哈佛学生奋发向上的学风。据统计，哈佛大学毕业生中有40%在本专业上获得了这项荣誉。这项改革措施扭转了自由选修制带来的学术懒散现象，有力地提升了哈佛大学的学术声望。

四是采用了积点制。一门课程的学分是按这门课程在一个学期里的周学时数来计算的。而仅仅将学时数和学分简单对照，并不能全面反映学生的学习状况。于是，大学就出现了学分积点及相应的积点制度。积点制最早产生于英国，它是动态反映学生学习质量的一种统计制度。劳威尔发现它特别适合于哈佛大学的弹性学制，尽管操作起来比较烦琐，但它更能激发学生的竞争意识和奋发向上的精神，是对学分制的有效完善。

五是强化通识教育。通识教育计划规定：本科一、二年级学生除选修本系6门专业课外，必须从人文、社会和自然科学的通识课程中各选1门，还要从其他系里课程中任选3门。这种课程安排把专业教育与通识教育结合起来，形成以通识教育为基础，以集中和分配制度为指导的选修制度。哈佛大学的通识教育是战后对美国高等教育影响颇大的一项计划，这个计划“具有激励其他学校的功能，并为其他学校指出了前进的方向和道路”。1947年，美国联邦政府充分肯定了哈佛大学的通识教育模式。

六是建立核心课程体系。因为时代潮流的变迁，对大学本科必修课程的设置已经很难使人们达成共识，而核心课程可以使学生掌握“清晰和重要的思想方法”，为学生提供将来“能够在社会中有效发挥作用所需要的共同概念、技能和态度”。

经过百余年的发展和完善，学分制在美国已趋成熟，尽管还有不尽如人意之处，但它以课程内容的选择性、学习时限的灵活性、培养过程的指导性和成绩考查的精确性等特点，显示出其在适应社会发展、培养创新性人才上的诸多优越性，哈佛的世界级名校地位才得以巩固至今。

〔哈佛寄语〕

不管是对个人而言，还是对一个组织、一所学校、一个团体而言，永远都没有“最好”这个概念，也不要认为自己一旦达到一个满意的状态就可以停滞不前。因为我们所处的环境在不断变化，即使你保持不变，外界对你的要求也会有所不同，只有积极适应这种变化的人，才能恒久保持一个满意的状态。在变化中保持领先的秘诀就是，参考自己的过去，不断总结做得好的地方和出现问题的地方，针对问题提出更好的方案来，然后解决它。

〔哈佛风采〕

1977年，哈佛大学公布了《核心课程计划》，并提出以“核心课程”取代过时的“通识课程”；1981年，又公布了《公共基础课程方案》，核心课程体系正式确立。《方案》规定，本科生四年所修的32门课程中，16门为专业课，8门为选修课，8门为核心课。与普通课程只注重人类共同遗产相比，核心课程强调的是各门学科的方法论。前者注重知识的广度，而后者在知识广度的基础上，更强调知识的横向联系及课程的整合。哈佛大学要求所有学生必须学习文学艺术、历史（特别是本国历史）、科学、外国文化、社会分析及社会伦理道德6个领域的基础知识。进入20世纪后期，哈佛大学将课程体系改革为三大块：核心课程（Core Course）、选修课程（Elec—tire）和专业课程（Concentration）。其中，核心课程能为学生奠定广博的基础，并为专业学习提供认识和分析问题的方法和角度；选修课能使学生在专业课和核心课程基础上进一步发展个性和特长，对自己感兴趣的领域进行深入探索；而专业课则在一定程度上限制了学生选修课的范围。三者相辅相成，相得益彰，保证了哈佛学子只要有学习的兴趣，一定可以学到获益的知识。

远见决定视界，视界决定你的世界

拥有明确的人生理想和追求并且知道自己通过何种努力才能更好地实现这些对未来的设想，这是哈佛在录取和培养学生时非常看重的一种能力。因为在哈佛的教育理念中，远见决定视界，视界决定个人的世界和成就。

哈佛时常教导学生，在个人成功的道路上，远见卓识很重要，如果一个人遇事能积极思考，比别人想得更远，那他就比别人容易成功。在一次课堂上，一位哈佛教授为告诉学生这个道理，便举了拿破仑·波拿巴的例子。

拿破仑·波拿巴是法国近代资产阶级军事家和政治家，也常被人们称为“奇迹的创造者”。而他之所以能取得这些成就，与他的远见卓识是分不开的。

拿破仑年轻时便是个生活的有心人，他喜欢深思和交朋友，有远见。早年时，他先是入军校接受教育，后又从军入伍。其间，他结识了不少朋友，其中包括大银行家罗洛托和卫戍军首领卡特伯。拿破仑对他的这两位朋友十分尊重和友善，并能预感到这两位朋友将成为自己生命中的贵人。所以他在1778年因法国大革命爆发而被迫逃亡时也仍然与这两位朋友保持着密切的联系和深厚的友谊。而这两位朋友也非常欣赏和敬佩拿破仑，相信他终将有所作为。

后来，正如拿破仑所料，罗洛托和卡特伯这两位朋友在拿破仑发动政变时，给了他极大的支持，帮助他成就了一番伟业。1796年，26岁的拿破仑被任命为法兰西共和国意大利方面军总司令，之后他因为率领军队连连取胜而树立了很高的威信，成为法兰西共和国人民的新英雄。1799年，拿破仑回到巴黎，决定发动政变，夺取政权。在此过程中，罗洛托游说其他金融界的朋友给他提供了大量的资金支持，而卡特伯则举兵响应他，这给了拿破仑很大的支持和帮助。最终，拿破仑登上了法国王座。

拿破仑不仅是一个勇敢而有野心的人，也是一个有远见的人。在他的冒险生涯中，他结交了不少有助于成就他事业的朋友，而且善于思考和分析，看待事物有前瞻性，这为他赢得了宝贵的资源和战争的主动权，从而最终帮他叩开了成功的大门。

想要做个出色的领导者，想要成就大业，就必须有远见卓识，凡事比别人看得更远、想得更多，这便是哈佛教授给学生上的生动一课。

〔哈佛寄语〕

有没有在行动前多考虑几步，这往往是成功与否的分界线。在当今社会，远见决定视界，视界决定着个人的成败。远见卓识成为一种看不见的素质，我们应学会在熟悉事物和行业的基础上，努力培养自己的超前意识，努力使自己成为一个有远见的人。

〔哈佛风采〕

有远见的人总是善于创新和发现，也因此能获得更大的成就。在哈佛的历史上，有不少教授曾获得诺贝尔奖，他们的成功，与其远见和创新是分不开的。比如，保罗·萨缪尔森因开创了经济学的数量化时代，于1970年获得诺贝尔经济学奖；爱德华·珀西尔因发现测量原子核中磁场的核共振法，于1952年获得诺贝尔物理学奖；巴鲁·贝拉塞拉夫因发现虽然每个人的免疫反应基因各不相同，但人的抗病能力可以通过遗传来传递，于1980年获得诺贝尔生理学和医学奖；等等。

把握机遇，你就是自身命运的书写者

在哈佛精神中，蕴含着一条重要的人生法则，那就是：站在人生的三岔口，要想迈向成功，必须善于抓住机遇，因为善于抓住机遇的人往往更容易成功。无数哈佛人以自己的实际行动诠释着把握机遇，改写命运的道理。

抓住稍纵即逝的机遇

哈佛的教学机制是非常灵活的，在教导学生成才的过程中，哈佛不仅注重学习能力的培养，同时也绝不忽视对学生其他方面能力的培养，而善于抓住机遇的能力就是百年哈佛教给学生的一项重要能力。

在个人的成长过程中，如果善于把握机会，就可能从平凡中脱颖而出，攀上成功的峰巅；如果错失了机会，就可能与成功擦肩而过。在平时多储备能量，当机遇到来之时好好把握，利用难得的机遇成就辉煌，这是哈佛精神中重要的一环。

哈佛大学选出了25位美国最佳领袖，评审委员会认为，这些领导的风格各有不同，但在有远见、善于把握和抓住机遇等方面是共通的。美国的国务卿康多莉扎·赖斯就是当选者之一。

赖斯是一名出生于教师家庭的黑人，从小就受到了良好的教育。之后，通过不断地学习和成长，她储备了多方面的能力，并抓住了一次次成功的机会，于

2005年2月接替鲍威尔当上了美国国务卿，一跃成为美国政坛上掌控大权的黑人妇女。在赖斯成功的过程中，能力固然是重要的因素，机遇的因素也是举足轻重的。赖斯从年轻时起就非常善于把握机遇。

1973年6月，康多莉扎·赖斯还在念大学三年级。有一次，一位老太太到她的学校找一位名叫约瑟夫·科贝尔的人。当老人站在一个路口不知向哪边走的时候，赖斯和一群女学生正好路过。赖斯在平时就热心助人，也因此结识了不少对自己有帮助的人，这次也不例外。当她打量了一番之后就主动领着老人找到了科贝尔。赖斯正要返回时，老太太却牵着她让她与科贝尔认识。谁知，这位老太太是波兰大使夫人，科贝尔则是大学国际关系研究生院的创办者，苏联和东欧问题专家。此后，赖斯又去聆听科贝尔的一个讲座，并听从了科贝尔的劝导，毕业后报考了政治学研究生。结果，她在26岁时获得了政治学博士学位；34岁时出任布什总统的国家安全事务特别助理；2000年时成为小布什总统的首席对外政策顾问；2005年时出任国务卿，成为有史以来在美国政府中职位最高的黑人妇女。

正是由于抓住了一个看似很不起眼的机遇，赖斯之后的命运便被改写了。试想，如果她没有主动帮助老太太找人，她就不可能遇到科贝尔；如果赖斯没有听科贝尔的劝导而报考政治学研究生，又怎么会走上从政之路，成就一生的辉煌？

〔哈佛寄语〕

人生因把握了机遇而熠熠生辉，许多成功人士正是因为抓住了稍纵即逝的机遇，才让自己绚丽的梦想之花盛开在现实的花园中。其实，我们中的很多人并不缺少机遇，只是缺少把握机遇的能力。只有平时多存储能量，随时注意取舍并善于抓住机遇，才有可能到达成功的彼岸。

〔哈佛风采〕

2005年，在哈佛大学肯尼迪政治学院的公共领袖中心举办了一次美国最佳领袖的评选。由哈佛大学成立的独立委员会根据300位候选人在过去5年的成就、重要性、持久力以及是否致力培育其他领袖四方面做出评审，选出25位美国最佳领袖。

在这些最佳领袖中，为人们非常熟悉的人物有美国国务卿鲍威尔、康多莉扎·赖斯、微软创始人比尔·盖茨及“名嘴”奥普拉，对公众来说较为陌生的人物有慈善医疗中心“健康伙伴”的创办人保尔·法默及其韩裔拍档金辰勇等。

强者能够抓住机遇，更能创造机遇

毕业于哈佛大学的美国总统乔治·W.布什说过：“要把握时机确实要眼明手快地去‘捕捉’，而不能坐在那里等待。”机遇是一种稀缺的社会资源，很少主动来敲门。只有自己主动出击，寻找机遇，有时候甚至需要主动创造机遇，这才是真正的强者所为。无数哈佛人就是这样的强者，他们不仅善于抓住宝贵的机遇，更能创造机遇帮助自己成就卓越。

现今世界有名的富豪、微软的创始人比尔·盖茨就是一个善于创造和抓住机遇的人。1973年夏天，盖茨以全国资优学生的身份，进入了自己梦寐以求的哈佛大学。哈佛当时已经名扬天下，学术氛围活跃，校园内竞争激烈。在刚进入哈佛的时候，比尔·盖茨也和所有的新生一样，受到了这里激烈的竞争的打击。在不久之后，他还遇到了更多的挫折，他发现自己在这里不再是让人引以为傲的佼佼者，他在这里并不能轻松地获得一门课的满分……在哈佛学习和深造期间，比尔·盖茨勤奋刻苦，可仍旧在学业中遇到了诸多困难，然而，在计算机软件和商业方面的成绩却让他看到了新的机遇。

盖茨在中学时就迷上了计算机，并在小伙伴中以精通计算机小有名气。在上大学前，他就曾和朋友保罗·艾伦组建了一个公司，之后，伙伴肯特·埃文斯也加入其中，他们一起组织了一个湖滨程序员小组，专门给外面的公司编写程序赚钱。当盖茨在哈佛读到大二的时候，他们的公司每年的收益就非常可观，盖茨也尝到了软件开发带来的甜头，他敏锐地意识到了软件开发的未来商机，认为如果再不行动就会贻误机会，加上此时自己的忠实伙伴保罗·艾伦总是在耳边劝说。于是，在读到大三的时候，比尔·盖茨毅然选择中途退学，同别人合伙创办了微软公司，专门从事计算机软件的编程开发。

这次勇敢地放弃学业、创办微软公司的行为，可以说为比尔·盖茨之后的成功创造了机遇。正是因为创办了微软公司，专心致力于软件的开发和市场拓展，比尔·盖茨才成功地抓住了市场商机，微软公司越做越大，利润也越来越丰厚。后来，他们公司的DOS系统被电脑制造巨头IBM所采用，微软公司一下子获得了巨大的市场份额，最终成就了软件霸业。

比尔·盖茨在谈及自己的成功时，不无感慨地说："在某种意义上，时机就是一种巨大的财富，抓住机遇，就能成功。"的确，机遇就像是不经意间掠过面前的一阵风，又像水中的一条游鱼，一不留神，就会从手中悄悄地溜走。唯有把握好时机，在关键时刻创造机遇，我们才更有可能叩响成功的大门。

〔哈佛寄语〕

愚者错失机会，智者善抓机会，成功者创造机会。等待机遇的人，只能收获叹息；抓住机遇、创造机遇的人，才会收获成功。机会的确是成功的催化剂，利用好机会往往能帮助人们攀登上成功的高峰。可机遇是难以预料而又转瞬即逝的，真正的强者应该是善于利用已有条件创造机遇，从而成就自我的人。

〔哈佛风采〕

比尔·盖茨的全名为威廉·亨利·盖茨，1955年10月出生于美国西海岸华盛顿州的西雅图，13岁时开始软件编程，17时售出了自己的第一个电脑编程作品。1973年，他考进了哈佛大学，开发了BASIC编程语言的一个版本，不久后从哈佛退学，专心于微软的工作，后任微软CEO和首席设计师。1995—2007年的《福布斯》全球亿万富翁排行榜中，比尔·盖茨连续13年蝉联世界首富。2008年6月，他正式退出微软公司，并把自己的个人财产全部捐给比尔及梅琳达·盖茨基金会。

Harvard 哈佛的10~12点钟

Ⅰ 明确目标，并致力追求

Ⅱ 正确的态度才能走上正确的道路

Ⅲ 切勿让性格酿成悲剧

Ⅳ 失败是获取经验的重要方式

Ⅴ 挖掘出你的潜能

明确目标，并致力追求

有明确的目标，并且积极追求，是哈佛精神的题中之意，也是至今广泛流传的成功原理。一个人有明确的目标，并能为此而不懈努力，不断追求，才有可能实现目标，成就自我。一个人没有明确的目标，就像船没有罗盘，不管怎么努力，也是难以到达成功的彼岸的。

强大的野心是一种前瞻力

哈佛是世界顶级名校，能进入这里学习的人，自然十分优秀，而但凡优秀的人，必然对未来怀着美好的憧憬和向往，富于理想、进取心等，有时也不乏野心。在常人看来，野心也许是一个含有贬义色彩的词汇，可在一些优秀的哈佛学子看来，强大的野心却是一种前瞻力。

现在的很多人常将“野心”作为贬义词来用，殊不知，它也能造就伟人，帮助人快速地成长。野心是一种对未来的向往和追求，有野心的人必有超出常人的目标。野心比理想和梦想更加具体明确，如想当政治家是理想，想当总统则是野心；野心比上进心和进取心的目标更为远大，因为要实现野心除了要上进和进取之外，还需要更多的能力。所以，一个有野心的人，应该是一个目标远大而明确，且相信自己有实力能成功的人。

在哈佛的历史上，有野心的人比比皆是，且不说那些最终功成名就的野心家、伟人，就是一般的哈佛毕业生，也都有一个共同的特点，那就是都有着自命不凡的心态和野心！“世界上最优秀的人才是我们！”“我能成为世界上最大、最好的公司的CEO！”这是不少哈佛学子的心态。而这种野心，不仅没让世人觉得哈佛人孤高自傲，影响哈佛的名誉，反而成为哈佛的宝贵财富。在建校三百多年里，并不排斥野心教育的哈佛大学造就了一批又一批政治家、科学家和工商管理精英，向全世界输送了大批的人才。ABC著名电视评论员乔·莫里斯在哈佛350周年校庆（1986年）时曾这样说道：“一个培养了6位美国总统、33位诺贝尔奖获得者、32位普利策奖获得者、数十家跨国公司总裁的大学，它的影响足以支配这个国家……”

在哈佛的教育理念中，拥有野心并不可耻，反而值得骄傲。而对于个人来说，野心是一种宝贵的前瞻力，它是个人前行的目标，能促使个人积极进取，不断进步；是个人成功的保障，时刻激励着个人付出超出常人的勇气和毅力，实现原本难以企及的理想。哈佛学子富兰克林·罗斯福从小就立志当美国总统，这一野心成为他后来不懈奋斗的动力。他于1900—1907年就读于哈佛大学和哥伦比亚大学，毕业后在纽约当律师，之后他在1910年当选为纽约州参议员，在1913—1920年担任海军部副部长，政治之路算得上非常顺利。然而，正当意气风发的时候，他却于1921年因患脊髓灰质炎下肢瘫痪。对常人来说，这无疑是巨大的打击，可对富于野心的罗斯福来说，这并不能阻止他前行的脚步。在经历了异常艰苦的奋斗之后，他在美国获得广泛的支持，成为美国历史上唯一一位连任四届的总统，四次实现了孩提时的野心！

〔哈佛寄语〕

在哈佛的教学理念中，每一位学生的潜能都是无限的，而野心能更好地激发个人的潜能。对一个渴望成功的人来说，不管处于什么位置，处于怎样不利的条件，如果从今天起，能制定自己的“野心”目标并终身为之奋斗，相信也比一辈子甘于平庸强得多。

〔哈佛风采〕

“先有哈佛，后有美利坚合众国”这是哈佛人写在校史中的一句话，它充分显示了哈佛人自命不凡的心态和野心，也是哈佛风采的侧面展现。正是由于不排斥野心教育，哈佛在几百年里，为世界输送了大批的人才：在美国的历任总统中有8位毕业于哈佛，当前，20%左右的哈佛毕业生在美国500家最大的公司担任要职，近30%的哈佛毕业生担任世界各地公司的董事长、首席执行官。

明确目标，踏实走好每一步

在哈佛的教育观中，明确的目标和积极的行动是成功的重要因素，没有目标的人是没有前途的。对一个渴望有所作为的人而言，目标就像是前行路上的里程碑，也像是航海时远方的灯塔，专注于目标，并踏实走好每一步，才能不断向着成功挺进。

制定目标是开启人生之路的第一步，也是关键的一步。目标是个人努力和进步的动力和方向，它能长时间调动个人的创造激情，催人积极向上，而只有朝着确定的目标不断前进，踏实走好每一步，我们才能成就美好人生。在对学生进行教育时，哈佛强调了树立明确目标的重要性，并鼓励学生要始终不懈地坚持目标，脚踏实地，努力接近目标。

哈佛大学有一个非常著名的关于目标对人生影响的跟踪调查。此调查主要针对刚从哈佛毕业，即将踏入社会的毕业生，所调查的对象在智力、学力、环境等条件方面都相差无几。在抽取调查对象的时候，调查人员记录的结果如下：

在被调查的人员中，没有目标的人占总数的27%；

有目标但很模糊的人占总数的60%；

虽有清晰的目标但比较短期的人占总数的10%；

有清晰而长远目标的人占总数的3%。

经过25年的追踪调查，调查人员对当年这些毕业生的生活状况进行了统计，并得出了这样的结论：

那些有清晰而长远目标的人，25年来都不曾更改过自己的人生目标。25年来他们都朝着同一个方向不懈地努力，25年后，他们大都成了社会各界的成功人士，他们中不乏创业者、行业领袖、社会精英。

那些有清晰短期目标者，大都生活在社会的中上层。他们的共同特点是，那些短期目标不断被实现，生活水平稳步上升，他们大都成了各行各业不可或缺的专业人士，如医生、律师、工程师、高级主管等。

那些有模糊目标者，大都生活在社会的中下层。他们能安稳地生活与工作，但都没有什么特别的成绩。

剩下的那些25年来都没有目标的人，他们大都生活在社会的底层。他们的生活都过得很不如意，常常失业，靠社会救济，并且常常在抱怨他人，抱怨社会，抱怨世界。

调查证明，接受同样的教育，条件也差不多的人，由于对目标的认识不同，人生的轨迹也截然不同，一个人如果没有明确而坚定的目标，是很难成功的。其实，这些人的差距早在25年前就埋下了伏笔。试想，一个没有明确目标的人，怎么能不在人生途中迷失方向呢？一个连目标都不明确的人，又怎么能集中精力、始终朝着一个方向踏实努力，从而在这方面有所作为呢？

〔**哈佛寄语**〕

无数出自哈佛的成功人士以切身经历验证了这样一个真理：明确的目标和积极的行动是个人成长和进步的保障。有了明确的目标，才能激发个人的创造激情，调动起全身的能量；有了积极的行动，肯踏实努力，才能一步一步地向着目标迈进，最终实现目标。

〔**哈佛风采**〕

哈佛历史上出现的名人众多，这些名人建功立业的领域不尽相同，但在对待目标和行动的态度方面却有着诸多共通之处，其中最主要的就是他们从小就有一个明确的人生目标，并能始终如一地坚持和努力。约翰·肯尼迪自幼受到父亲的影响，他自立而渴望有所作为，这正是他踏实走好人生的每一步、不断进取的动力。

正确的态度才能走上正确的道路

为人处世要持有正确的态度，以态度引导人生，从而走上正确的人生道路，这是哈佛在培养学生人生观中特别强调的一点。在哈佛理念中，态度基本决定了人生道路的大方向，决定着事业高度，所以聪明的人应该用不同的态度去应对不同的人生。

用不同的态度去应对不同的人生

哈佛非常注重对学生人生态度的培养，主张积极发挥态度在人生中的导向作用。态度决定人生道路的大方向，决定人生价值的标准，人生态度不同，人生道路也会截然不同，我们应该学会用不同的态度应对不同的人生，积极实现自我价值。

在哈佛接受教育的学生一般都会受到这样的告诫：决定一个人命运的并不是上帝，而是你自己。哈佛的学术氛围自由而讲求个性化、创新性，相比于传授给学生知识和技能，哈佛更重视对学生素质和能力的培养，人生态度和价值观就是其中的重要组成部分。哈佛并不强求所有学生都收敛个性、在学习上刻苦钻研，但要求学生懂得自我管理，对事情、对人生要有一个正确的态度，能以不同的态度去对待人生道路上遇到的不同问题、困难以及人生的不同阶段。

亨利·基辛格是众多功成名就的哈佛学子中的一员，他1950年毕业于哈佛大学，获得学士学位，之后接连考取了文学硕士和哲学博士学位，并于1951—1969年任哈佛大学国际关系研究班执行主任、国际问题研究中心负责人、讲师、副教授和教授等职。之后，他踏上政坛，开始从政，最终成为美国历史上颇有影响和威望的国务卿、外交家。他充分领会了态度决定人生，应用不同的态度对待不同的人生的道理，这点从他的人生经历中可以看出来。

基辛格出生于德国费尔特市的一个犹太家庭，15岁时因逃避纳粹对犹太人的迫害，随父母迁居纽约，在20世纪30年代的希特勒大屠杀中，他的很多亲戚都被迫害而死。在这种环境中成长起来的基辛格，没有安全感，害怕受到伤害，也比较悲观。但同时，在哈佛学习并从事学术研究的经历让他对学术充满了热情和自信，后来从军和从政的经历，以及其在此期间表现出来的杰出能力和才华也常让他引以为傲。复杂的社会环境和曲折的人生经历教会了他以不同的态度对待不同的人生、面对不同的问题和情况。在学术方面，他充满自信，不惧怕公开争论，敢于应对理论挑战；在待人接物方面，他的态度偏于保守，总表现出一种不安全感，喜欢保密；在政治方面，他有着强烈的权力意识，相信权力而非道义原则决定了世界秩序，重视既得利益。

人生的道路是多种多样的，人生的目的和价值定位也可以多样化，但只要你在纷繁复杂的环境中明确自己的人生态度，认清自己，找到适当的定位，学会以不同的态度应对不同的人生，以正确的态度面对人生中的各种情况，你同样能成就自己的精彩，实现自我价值！

〔哈佛寄语〕

在个人的成长过程中，态度不仅对于人生道路起着定向作用，而且还为个人的进步和成功提供着精神支持。正确的态度会让一个人在人生道路上磨炼意志，不断前行，而以不同的态度对待不同的人生则会让我们的人生之路更加顺利，人生价值得到更好的体现。

〔哈佛风采〕

亨利·基辛格（1923—　），1923年出生于德国费尔特市，犹太人后裔。1938年移居美国；1943—1946年在美国陆军服役；1950—1954

年，就读于哈佛大学，并最终获得哲学博士学位，其间还担任哈佛大学的教学和科研工作；1973—1977年出任国务卿；1986年9月任美印委员会主席；1987年3月任美国—中国协会两主席之一。基辛格长期关心和支持中美关系的发展，1971年7月，他作为尼克松总统特使访华，为中美关系大门的开启做出了历史性的贡献。

你的人生态度，决定着你的事业高度

世界上没有卑微的人和工作，只有卑微的人生态度，这是哈佛时常强调的一种观念。美国西北大学理事会主席兼心理学博士史各特也说过："决定成功与失败的原因，态度比能力更重要。"的确，人生态度与事业的成败有着密切的关系，人生态度决定着事业的高度。

哈佛十分强调态度在个人成长、成功过程中的重要作用，这其实是有现实根据和积极意义的。哈佛大学的一项研究表明：成功、成就、升迁等原因的85%是因为态度，而仅有15%是因为专业技术。也就是说，态度在个人的成长、事业的成败中有着重要的作用，人生态度在一定程度上决定了一个人事业的高度。毕业于哈佛大学的最具有世界影响力的作家、哲学家亨利·大卫·梭罗就以自己的亲身经历验证了这一道理。

1817年梭罗出生于马萨诸塞州康科德镇，1837年从哈佛大学毕业。刚开始他像所有普通学子一样，平凡而没什么成就，但几年的哈佛学习生涯对他的影响非常大，可以说，哈佛的创新精神、独立意识和人生态度的教育对他之后的人生转变有着重要作用。

刚从哈佛毕业的时候，他所有的同学和伙伴都倾向于选择报酬丰厚、看起来很有前景的职务。而他在择业时的想法却与很多人不同，他正直而有大志向，渴望自由而执着地追求自己的理想，所以他辜负了家人的期望，选择在一所私立学校教书，一边工作一边从事自己喜欢的活动。尽管在开始的时候，他的处境十分艰难，可他从来不后悔。也从不会为了高薪而放弃他在学问和行动上的大志，而是心中满怀使命感和对于艺术的热忱；他从来不懒惰或是任性，在需要钱的时候他也会做一些自己喜欢的体力劳动来赚钱，却不愿因长期被雇用而失去追求理想的自由；他有吃苦耐劳的精神，生活上的需求很少，但对知识的追求和信仰却始终不渝；他有着很强的惜时观念，为人坚强、有忍耐力，他总是勤奋学习、专心思考。有困难时，他勇敢面对，努力解决，在从事科学研究时他聚精会神，很有耐心，经常是连续好几小时坐在那里一动也不动……正是因为对人生抱着这样认真、负责、执着的态度，经过长时间的学习和研究，他创作了很多颇具影响力的作品，在学术上拥有独到的见解，获得了事业上的成功。

无论做什么事情，只有抱着认真的态度才能够将它做好。人生态度决定着事业高度，你想成为怎样的人就应该用怎样的标准来要求自己，如果你想在事业上有所成就，端正人生态度非常重要，只有态度积极了，成就人生的精彩和事业的高度才有更大可能。

〔**哈佛寄语**〕

成功者和失败者之间的差距主要在于心态，成功者总能以积极的心态去思考，乐观面对，而失败者则相反。我们应该始终牢记人生态度决定个人命运和事业高度的道理，努力使自己向成功者看齐。

〔**哈佛风采**〕

亨利·大卫·梭罗（1817—1862年），19世纪伟大的作家、思想家，超验主义运动的重要代表人物。他20岁时从哈佛大学毕业，曾任教师，从事过各种体力劳动。他在学术思想上颇有建树，代表性的著作有《在康科德与梅里马克河上一周》（1849年）《瓦尔登湖》（1854年）等。他的文章简练有力，思想深刻，在美国19世纪散文中独树一帜。他的思想对印度的甘地与美国黑人领袖马丁·路德·金等人都有很大的影响。

切勿让性格酿成悲剧

世界名校哈佛在教育和培养学生时非常强调根据学生的性格、爱好等因材施教。在哈佛的理念中，一个人如果能正确认识自己的性格，充分调动性格中的积极因素，就更容易充分施展才华；人的性格虽然难以改变，却可以通过善意的干预，使其得以改善。

充分调动你性格中的积极因素

哈佛在教育和培养学生时，非常关注性格因素，主张充分调动学生性格中的积极因素，帮助其成就自我，实现个人价值。

现实生活中，每个人的性格是不尽相同的，即使是同一个人的性格当中，也可能既有勇敢、聪明、泼辣的一面，也有畏惧、愚昧和胆怯的一面。每种性格适合的学习方式、职业道路等都是不一样的。比如一个做事马虎大意的人就很难做好财务工作，一个天生胆小的人就很难做好侦探、冒险工作……只有清晰而明确地认识自己的性格，调动性格中的积极因素，弥补消极因素，才能更好地成长。这方面，哈佛学子、美国第43任总统小布什可以说是一个很好的例证。

美国总统小布什任职期间的选民支持率是非常高的，尽管在权威机构的智商测试中，他的智商指数为91，是过去50年来美国总统中最低的一个，尽管他还经常闹笑话，但这并没有影响他赢得民众的支持。从很大程度上来说，他的成功就得益于他总是擅长运用自己性格中的积极因素。

小布什的亲和力是令许多媒体津津乐道的，也是他赢得广大民众支持的重要因素。尽管小布什的一些口误和笨拙表现甚至成为国际笑话，但他的这种真实表现和不拘小节的做法反而拉近了他与民众的距离。小布什平易近人，这也为他赢得了不少选票。比如，在他当州长时，他常常会在发表完毕业典礼致辞后站上一小时，与每个毕业生握手；在社区招待会上，他会与前来看他的上百人一一交谈；在发生可怕的洪水、飓风、大火、恐怖袭击之后，他会跑去拥抱那些受灾的人，安慰他们，给他们带来安全感。在平时，他总是面带着微笑，不停地与大家握手，让人感觉到真诚友善。

不仅如此，小布什还非常重视调动性格中乐观、从容的因素。还在学校的时候，小布什就拥有了快乐达观和爱开玩笑的名声。他伶牙俐齿，懂得赞美和尊重别人，所以总能够结识很多新朋友，团结很多人。小布什还擅长表现性格中从容淡定的一面，给公众留下了极好的印象。他始终坚持着良好的生活习惯，他每天都会保持七个半小时的睡眠；每天在傍晚6点左右就离开办公室，然后在脚踏车上锻炼一阵子；在周末，他总会邀请朋友在白宫参加宴会，晚上则常常留出一些时间看书，并且往往与时事无关，有小说，也有历史。他表现出的这种淡定和从容使周围的人和普通民众深受感染，也坚定了公众的自信心。

小布什的成功绝不是偶然的，正是因为善于调动性格中的积极因素并真实地表现于公众面前，他才能赢得民众的支持，从而有所作为。

〔哈佛寄语〕

性格制约着个人能力的发挥，无论是在学习还是在工作中，性格对个人的成败都起着重要的作用，如果想要实现自己的理想和价值，我们就应该清晰地认识自己的性格，并充分调动性格中的积极因素。

〔哈佛风采〕

乔治·沃克·布什（1946— ），习称小布什，出生于得克萨斯州米德兰，美国第43任总统。他先是获得了耶鲁大学的学士学位，1978年又获得哈佛商学院工商管理硕士学位。他曾经在得克萨斯州国民警卫队空军任飞行员，后来经商，创建了自己的石油和天然气勘探公司，并与人合伙购买了得克萨斯流浪者棒球队，担任球队总经理。1994年，小布什当选为得克萨斯州州长，1998年连任，2000年，小布什战胜民主党总统候选人戈尔，当选为美国总统。

性格不能被改变，但可以被改善

哈佛非常注重个性化的教育，对于那些性格非常独特或存在某种缺陷的学生，哈佛并不会一味苛责，也不会强求他们改变，而是根据他们的性格特征帮助其寻找实现自我的合适途径，或者帮助其不断改善性格中的缺陷。

性格是指人在自身态度和行为上所表现出来的心理特征，性格是个人在社会活动中不断形成和发展的产物，它一经形成，就具有相对的稳定性，不能轻易被改变，只能通过努力而加以改善。哈佛尊重每一位学生，也不会强求学生改变性格来适应教育体制，但会通过思想交流、校园文化熏陶、榜样的感染力量等来帮助学生不断改善对于成长不利的缺陷性格，成为优秀的人才。

约翰·亚当斯于1735年出生在马萨诸塞州布伦特里的一个农场主家庭里，他的父亲是位农场主兼皮匠，母亲是一个名医的女儿，脾气暴躁。约翰·亚当斯小时候非常聪明，可是调皮固执，脾气也不好。在读小学的时候，他非常贪玩，常在森林里追逐鹿、鹧鸪、松鼠等动物，有时甚至会背着猎枪去上学。他的父亲很担心这个很有天赋的儿子因为贪玩而荒废了学业，可教导了很多次，约翰·亚当斯仍旧没有改变，于是，父亲生气地问儿子："你长大了想干什么？"10岁的亚当斯毫不犹豫地说："当农场主。"父亲听后，在第二天的一大早，就带着亚当斯到农场劳动。他们辛苦地干了一天的活，亚当斯回到家的时候已经筋疲力尽了。这时父亲问他："怎么样，儿子，你对当农场主满意吗？"亚当斯虽然深刻体会到劳动的艰辛，可仍旧固执地回答："我非常喜欢。"

在亚当斯的成长过程中，父亲非常注重以实际行动来影响和教育儿子，父亲虽然有钱，且在当地很有名望，可他仍旧坚持辛勤劳动，勤俭节约；在做市政委员时，他不顾妻子的责骂，常将穷苦的儿童带回家来照顾。慢慢地，在父亲的影响下，亚当斯的性格发生了很大的改变，他渐渐改变了原本贪玩、任性、固执、自私的性格，变得勤劳、正直而富有爱心了。后来，亚当斯通过不断地勤奋学习，终于在1751年进入哈佛学院，在此期间，由于受到了很好的教育和影响，他的性格进一步得到改善，个人魅力不断提升，从哈佛毕业后，他又积极学习法律，不久后进入马萨诸塞州律师工会，并一步步登上了总统的宝座，成为美国历史上第2任总统。

性格是难以改变的，却可以通过个人的努力而不断改善，这是亚当斯的成长经历所揭示的重要道理。

〔哈佛寄语〕

拥有好的性格，个人才能更加充分地调动和利用一切对自己有利的外界资源，从而更容易获得成功；性格不好，命运也会变得曲折。虽然说人的性格具有稳定性，但并不是完全不能改变的，只要我们及早意识到性格中的缺陷，及时采取补救措施，通过长期努力，性格也能得以改善。

〔哈佛风采〕

约翰·亚当斯（1735—1826年），美国第2任总统。他生于马萨诸塞州，从哈佛大学毕业后当了律师。1772年被选为马萨诸塞州众议员，1776年参加《独立宣言》五人起草委员会，1778年参加宪法起草工作。美国独立后，他被任命为首任驻英公使，1789年当选副总统，1796年华盛顿卸任后任总统。

亚当斯最引人注目的特点：一是学识渊博；二是对于宗教和道德始终执着追求；三是拥有超强的口才和演说技能。而这些，都与他在哈佛所受的出色教育密不可分。

失败是获取经验的重要方式

哈佛人并不畏惧失败，而且非常重视失败对于成功的重要作用。困难和挫折是人生中不可避免的，聪明的人总能勇敢而乐观地面对失败，善于从失败中吸取经验教训，将失败作为成功的起点，只有这样，在不懈的努力之下，最终才能实现成功的梦想。

认真反省失败，让其成为成功的起点

哈佛人从不讳言失败，也不会因为失败而一蹶不振，而是认真反省自己的行为，从失败中寻找成功的经验，将失败变为成功的起点。

在现实生活中，几乎没有人能不经历挫折和失败就能轻易成功，能否取得最终的成功，与个人对于失败的态度密切相关。但凡成功者，多是勇于面对失败，不断反省的人，而失败者多是遇到困难就一蹶不振，丧失进取勇气的人或是不懂得总结失败的教训，让失败再三出现的人。哈佛时常教导学生，失败不仅不可怕，反而可能成为个人成功的催化剂，因为失败是获取经验的重要方式，经历失败，说明离成功又近了一步。

泰勒·本·沙哈尔是哈佛大学著名的心理学教授，为人亲切友善，语言幽默而有感染力，在教学上很有个性。在哈佛校园中，他是上座率最高的教授之一。

他所讲授的幸福课程深受广大学子的欢迎和喜爱。

在一次以“失败”为主题的讲座中，沙哈尔教授先是邀请一位同学上台画3个圆，第一个是现在状态下画的，第二个是假想3岁时画的，第三个是假想1岁时画的。

那个同学画的第一个圆是很完整的圆，第二个不算完整，第三个是胡乱画的。教授评判第一个圆过关，第二个和第三个失败，并由此引申出人生中失败的经历对于成长的促进作用。沙哈尔教授指出，如果没有前两个甚至很多个失败的圆，一个人是不能学会画一个完整的圆的，也就是说，如果没有1岁和3岁时失败的经历，一个人没有从中反省和提升自己，那他可能永远也无法画好一个完整的圆。

紧接着，沙哈尔教授又给在座的同学播放了一段宝宝学习走路的视频。在学会站立走路之前，小宝宝摔倒了无数次，只不过每摔倒一次，他都会爬起来继续走，一直到学会为止。通过这段视频，沙哈尔教授意在告诉青年学子这样的道理：人生本来就是一个不断跌倒又不断爬起来的过程，在个人的成长中，失败和挫折难以避免，聪明的人会不断地总结自己的行为，发扬好的方面，改善不好的方面，在反省中学习和成长，让失败变成成功的起点。

最后，沙哈尔教授还指出，人越是长大，越是容易遗忘自己刚开始学习走路、说话的样子，而且越来越少地感受到学习的乐趣。我们常常会为失败找各种各样的借口，唯独忘记了自我反省，这其实是在逃避。这样的后果将会影响我们的自尊心、自信心、适应力和幸福感。要收获成功和幸福，就应该勇敢面对失败，认真反省，从失败中吸取经验教训，不断进取，逐步走向成功。

〔哈佛寄语〕

在个人的成长过程中，经历和经验都是无价的，而要多积累这些宝贵的财富，就必然会经受一次次的失败和挫折。从失败中寻求成功，从错误中发现正确是我们认识事物的途径之一。所以，当面临失败时，我们不应颓唐沉沦，而应该多多自我反省，总结失败的原因，要善于将曾经的失败经历和经验转化为能力和财富。

〔哈佛风采〕

泰勒·本·沙哈尔是哈佛大学心理学硕士、哲学和组织行为学博士。在人才济济的哈佛大学，他原本是一位名不见经传的年轻讲师，后来因为开设了“积极心理学”和“领袖心理学”这两门课程而深受学生欢迎，尤其是“积极心理学”（也有人称之为“幸福课”）一举击败曼昆教授的王牌课程“经济学导论”，成为哈佛大学最受欢迎的课程。美国的主流媒体几乎都报道了这门课程，沙哈尔教授也因此被誉为“最受欢迎讲师”和“人生导师”。他所写的《幸福的方法》一书更是在世界范围内热销。

面对失败，我们依然保持乐观

不少哈佛学子在回忆自己的学习生活时，不约而同地说到了哈佛对于他们乐观品质的影响，认为自信和乐观是他们在哈佛学习期间收获的宝贵财富。的确，时刻保持自信，即使是面对困难，依然保持乐观，这也是哈佛精神的重要内涵。

美国哈佛大学著名行为学家皮鲁克斯在《心态影响人的一生》一书中提出了这样的观点：人的心态随着环境的变化自然地形成积极的和消极的两种；思想与任何一种心态结合，都会形成一种“磁性”力量，这种力量能吸引其他类似的或相关的思想。积极的心态能激发起我们自身的聪明才智，帮助我们走向成功；消极的心态则会束缚我们才华和能力的发挥，当面对失败时尤其如此。心理专家明确指出，决定一个人成功的因素不仅仅是他的能力，更重要的还要看他是否能够乐观地看待周围的事物，看他身处逆境时是否依然能够积极乐观地寻找改变逆境的方法。

成功的哈佛学子第一特质便是自信乐观。他们相信自己在学问和工作上是出类拔萃的，自信心和自豪感都很强，即使在面对困难时，他们仍能乐观面对，勇敢克服。哈佛学子、美国19世纪著名的思想家、作家爱默生就是这样一个能始终保持乐观的人。

爱默生1803年5月出生于马萨诸塞州康考德村的一个牧师家庭，由于父亲早逝，他由母亲和姑母抚养成人。尽管生活艰难，可家人却没有因此而忽略对他的教育。在良好的教育和影响之下，爱默生不仅学习成绩优异，心态也非常健康，即使是面对失败和逆境时，他也总能积极乐观地面对。他17岁毕业于哈佛学院，1826年又进入哈佛神学院学习，次年被获准讲道，成为波士顿第二教堂的牧师。后来，因为他的思想与这一教派的某些教义相冲突，因而受到了一些人的排挤和非议，最终他选择了放弃神职，于1833年赴欧游历，在游历的过程中丰富和增长了自己的知识。

1838年7月15日，爱默生在剑桥的神学院发表题为《神学院致辞》的著名演讲，这篇演说在当时引起了轩然大波，他也因此遭到新英格兰加尔文教派、唯一种教派等势力的抗议和攻击，陷入了艰难的处境，可他并没有因此放弃自己的信仰，而是始终以积极乐观的心态面对困难，坚持自己的哲学研究。后来，他还带头创办了评论季刊《日规》，发表了许多主张改革教育、伦理、政治等方面的文章，成为超验主义运动的主要代表。

在失败和逆境面前不妥协、不悲观，反而积极乐观地面对，坚持不懈地努力，这就是哈佛学子爱默生给我们的重要启示，正是凭借着这种精神，他才能克服人生中的一个又一个困难，一步步走向成功。

〔**哈佛寄语**〕

如果说失败是人生中无法逃避的现实，那么积极的心态则是个人在现实中成就自我的重要因素。积极的心态引领成功的人生，想要主宰命运的人首先应该掌控好自己的内心，面对人生的磨难和挫折，我们应当时刻保持积极进取的精神，在乐观进取中迈向成功。

〔**哈佛风采**〕

拉尔夫·沃尔多·爱默生（1803—1882年），美国散文作家、思想家、诗人。他17岁时从哈佛毕业，是新英格兰超验主义的杰出代表，19世纪最富影响力的哲学家和文豪，也是确立美国文化精神的代表人物。

爱默生一生作品众多，代表作如《论文集》《代表人物》《英国人的特性》等，他与他的学说，是美国最重要的世俗宗教。

挖掘出你的潜能

在每个人的身体里面，都潜伏着巨大的力量。人体内存在着巨大的内在力量，所以人人都能做成不朽的事业。一个人一旦能对内在的力量加以有效地运用，他的生命便永远不会陷于卑微贫困的境地。

哈佛人懂得如何释放自己的潜能

“我创造，所以我生存。”哈佛教授尼古拉斯·罗杰斯的这句话，被无数哈佛学子奉为至理名言，无数事实也为这句话做了很好的佐证。

每一个人身上都蕴藏着无限的潜力，问题是看你如何认识。潜力的开发受后天的诱导，特别是自身努力的程度和方式不同而出现很大的差异，只要认真培养与开发自己的潜能，就有可能收到意外的效果。

马克·扎克伯格，美国社交网站Facebook的创办人，被人们冠以“盖茨第二”的美誉。哈佛大学计算机和心理学专业辍学生。据《福布斯》杂志保守估计，马克·扎克伯格拥有15亿美元身家，也是历来全球最年轻的自行创业亿万富豪。

在群雄逐鹿的互联网时代，他只是一名普通的大学生，没有什么突出的成绩，然而为什么他能够在无数创业者中脱颖而出？很多人都想知道他成功的原因。在别人还在沿着老路进行创业的时候，2004年2月，还在哈佛大学主修计算机和心理学的他，要建立一个网站作为哈佛大学学生交流的平台。

当时，他也不知道自己能不能把这项任务完成，但他对自己有信心。他只用了大概一个星期的时间，就建立起了这个名为Facebook的网站。意想不到的是，网站刚一开通就大为轰动，几个星期内，哈佛一半以上的大学部学生都登记加入会员，主动提供他们最私密的个人数据，如姓名、住址、兴趣爱好和照片等。

学生们利用这个免费平台掌握朋友的最新动态、和朋友聊天、搜寻新朋友。很快，该网站就扩展到美国主要的大学校园，包括加拿大在内的整个北美地区的年轻人都对这个网站饶有兴趣，并逐渐风靡全球。

马克·扎克伯格是一名再普通不过的哈佛学生了，没有过高的智商，但他创造了比哈佛高才生还要好的成绩，这是为什么呢？因为他成功挖掘了自己身上的宝藏。

人们体内的亿万细胞中，有着巨大的潜在力量。这种潜力如果能够被唤醒，就能拥有强大的力量促使人们成功。然而大部分人好像都不明白这一点。病人在生命垂危、呼吸困难时，在听了医师或亲友的一席热情恳切的安慰后，竟然会起死回生。这种情况在医生看来，也是正常的事。一般来说，疾病之所以让人失去生命，部分原因是病人失掉了对生命的信心，否定了自己的潜能。

其实，对于强者来说，任何事情都不会太难。因为在每个人的身体里面，都潜伏着巨大的力量。这些力量，只要你能发现并加以利用，便可以帮你取得成功。

〔**哈佛寄语**〕

运用智慧来开发无限的潜能，就仿佛用一把万能金钥匙打开未来之门，它将带给你不可胜数的挑战和惊喜。思想、精神等潜意识就是人类取之不尽、用之不竭的巨大宝藏，是生命赋予我们珍贵无比的财富。

〔**哈佛风采**〕

哈佛大学由于校方实行新的学费资助政策，吸引更多优等学生申请入读，因而今年入读哈佛是历史以来最艰难的，今年的录取率只有7.4%，创下历史新低。

据报道，哈佛大学表示，申请入读2012年毕业班的学生超过2.7万人，人数较2011年增加18%，为历年新高，但校方最终录取不足2000

人，即每100个申请者，就有93人被拒于门外，录取率创下创校372年来最低，只有7.4%，2011年的比率则为9%。不幸被拒之门外的学生中，许多人成绩十分优异，例如在一科SAT考试中取得满分。

然而即使这样，也有一部分人进入哈佛大学。这些学子用智慧开启无尽的潜能。录取进来的学生是高才生，更是哈佛的骄傲。

你是最优秀的那一个

德国诗人歌德说过：“人的潜能就像一种力量强大的动力，有时候，它爆发出来的能量会让所有人大吃一惊。”

哈佛大学的校长科南特说过：“垃圾是放错了位置的财宝。”所以，天才和凡人也只是一线之隔。只要你相信自己是一块金子，那么，你就能发现一种永不衰败、永不腐蚀的力量，这就是人的潜能。

不管你是成功还是失败，你都是自己一生当中最重要的人。你的生命潜能如同一座取之不尽、用之不竭的宝藏，要相信自己是最优秀的。

约翰是哈佛大学音乐系的一名学生，这天，他和往常一样走进了练习室，在钢琴上，摆着一份全新的乐谱。

“超高难度……”他翻着乐谱，喃喃自语，感觉自己对弹奏钢琴的信心跌到谷底。已经三个月了！自从跟了这位新的指导教授之后，约翰不知道为什么教授要以这种方式整人。他勉强打起精神，开始用自己的十指奋战、奋战、奋战……琴音盖住了教室外面教授走来的脚步声。

约翰练习了一个星期，第二周上课时正准备让教授检查，没想到教授又给他一份难度更高的乐谱：“试试看吧！”上星期的课教授也没提。约翰再次挣扎于更高难度的技巧挑战。第三周，更难的乐谱又出现了。

像往常一样，教授走进了练习室。约翰再也忍不住了，他必须向钢琴大师提出这三个月来为何不断折磨自己的质疑。教授没开口，他抽出最早的那份乐谱，交给了约翰：“你来弹弹这份乐谱吧！”

不可思议的事情发生了，连约翰自己都惊讶万分，他居然可以将这首曲子弹奏得如此美妙、如此精湛！教授又让约翰试了第二堂课的乐谱，约翰依然呈现出超高水准的表现……演奏结束后，约翰怔怔地望着教授，说不出话来。

“如果，我不这样训练你，可能你现在还在练习最早的那份乐谱，也就不会有现在这样的水平……”教授缓缓地说。

每个人都拥有属于自己的钻石宝藏，这就是潜力。这些“钻石”足以使你的理想变成现实，但是它们的表面也许蒙着一层灰尘，只有将灰尘抹去，这些珍宝才能闪耀出本来的光芒。

每个人心中都有一个美好的梦想，有的人希望能够学习好，有的则希望长大以后有能力带给家人幸福。当然在成长的过程中他们会遇到困难，会退缩，因为他们怕自己不行。其实，人的潜能是无限的，开发自己的潜能吧，这会让你受用不尽。

你可以敬佩别人，但绝不可忽略了自己，你可以相信别人，但绝不可以不相信自己。每个向往成功、不甘沉沦者，都应该牢记柏拉图的这句至理名言：最优秀的人就是你自己！

〔哈佛寄语〕

在一个人的一生中，能力并不是决定成败的关键因素。只有在内心深处相信自己很优秀，才能够走出成功人生的第一步。哈佛的学子们从迈入哈佛校园的那一天起，他们就在心里告诉自己：我是最优秀的。

〔哈佛风采〕

哈佛是先于美国历史的一所大学，哈佛大学值得哈佛学子们骄傲。百年哈佛的辉煌成绩使“哈佛大学”四个字充满光彩。下面是哈佛大学的排名，从中就可以看出哈佛是一个充满自信与潜力的大学。

哈佛大学世界排名：

全球大学排名第1名（2011年）

美国《新闻周刊》世界大学排名（第2名）

英国QS世界大学排名（第2名）

西班牙国家研究学会世界大学排名第2位（2011年）

Harvard 哈佛的12~14点钟

Ⅰ 用你的毅力征服世界

Ⅱ 积极进取，在充满荆棘的道路上奋进

Ⅲ 悟懂人生中美的真谛

Ⅳ 人生需要自我超越

Ⅴ 成功本就没有形状

用你的毅力征服世界

人生在世，谁都会有不顺的时候，也会有遭遇逆境的时候。这时，需要凭借顽强的毅力勇敢地克服，因为，人只有在千百次打击磨炼之后才会变得更加坚强成熟。

毅力是一笔巨大的资本

哈佛教授埃斯说："事实上，人生从来没有真正的绝境，无论遭受多少艰辛与苦难，只要一个人仍有毅力坚持下去，那么，总有一天，他能走出困境，让生命重新开花结果。"

哈佛大学的一个心理学小组曾经做过一个有关耐心和成功的实验。小组成员挑选了一群三四岁的小孩，告诉孩子们他们每人可以自己从桌上拿糖果吃，并且给了孩子们几种选择方式：

第一种：可以马上就拿，但是只有一颗软糖。

第二种：等上5分钟，可以拿到10颗软糖。

第三种：等上20分钟，可以想拿多少就拿多少。

结果，大部分孩子因为难以忍受糖果的诱惑都选择了马上就拿；20%的孩子选择了等5分钟，拿到了10颗糖；只有少数几个孩子选择了第三种方式，其间他们馋得眼泪都流下来了，但仍旧坚持等了20分钟，最后，他们带走了满满的一包糖。

在这次实验之后，心理学家对这些孩子的成长进行了20年的跟踪，结果发现，越是有耐心有毅力的孩子，长大后的生活就越是平静、成功和快乐。

现代社会中，人们的物质生活越来越丰富，浮躁成为人们普遍存在的一种心态。哈佛作为世界一流的学府，在诸多方面走在了世界的前列，在这里求学的不少人也难免急于求成，给自己确立了“3年计划”“5年计划”，下定决心要在毕业后3年内赚3000万，5年内成为亿万富豪等。这些学生之所以会确立这样的计划，常常是以比尔·盖茨、巴菲特、洛克菲勒等财富名人为榜样的，然而，他们只看到了这些人的成功，却没有认真总结他们为此而付出的艰辛和努力。比尔·盖茨从小就喜欢软件编程，为了能有所进步，他每天总是花费很长的时间学习和操练，多年如一日，从未停止过努力。在长期的等待和努力之下，他终于迎来了机遇，实现了自己的精彩。石油大王洛克菲勒也并不是一朝一夕就成功的，他从小节俭而有耐心，经过长期地积累和学习，加上他是一个有心人，终于等来了宝贵的成功机遇。

为了帮助一些学生改变浮躁、急于求成的心态，教授们时常会举一些名人的例子，并告诫他们：无数财富名人的成功都不是一蹴而就的，他们在成功致富之前都曾经历了漫长的等待，付出了艰辛和努力，没有毅力，他们也不会见到胜利的曙光。

〔哈佛寄语〕

有毅力是许多成功者基本的品质，他们用毅力坚持自己的信念，用毅力征服困难。他们相信毅力是成功的根本，是信念的前提。

〔哈佛风采〕

2007年2月11日，学校董事会选出该校雷德克里夫高深研究院院长，时年59岁的历史学家季尔平·佛斯特为新校长，为哈佛创校371年以来第一位女性校长。她提倡学生具备毅力这一品质。她认为只要有毅力，才能战胜一切困难，包括学习。

想要放弃的时候，再坚持那么一下

尼克松曾说：“累了就歇在路边的人是不会得到胜利的。”

在哈佛，从校训上就可看出他们对于古老的希腊文明的敬仰与传承。不用说，“与柏拉图为友”的柏拉图故事在哈佛校园里一定为学子们津津乐道。

开学第一天，苏格拉底对学生们说：“今天咱们只学一件最容易的事。每人都把胳膊尽量往前甩，然后再尽量往后甩。”说着，苏格拉底示范了一遍，“从今天开始，每天做300下。大家能做到吗？”

学生们都笑了。这么简单的事，有什么做不到的？过了一个月，苏格拉底问学生们：“每天甩手300下，哪些同学在坚持？”有90%的同学骄傲地举起了手。又过了一个月，苏格拉底又问，这回，坚持下来的学生只剩下八成。

一年过后，苏格拉底再一次问大家：“请告诉我，最简单的甩手运动还有哪几位同学坚持了？”这时，整个教室里，只有一人举起了手。这个学生就是后来成为古希腊另一位大哲学家的柏拉图。

半途而废者经常会说“那已足够了”“这不值”“事情可能会变坏”“这样做毫无意义”，而能够持之以恒者会说“做到最好”“尽全力”“再坚持一下”。要知道，巨大的成功靠的不是力量而是韧性，竞争也常常是持久力的竞争。

哈佛人认为，成功只会青睐坚持到底、永不放弃的人。胜利贵在坚持，要取得胜利就要坚持不懈地努力，饱尝了许多次的失败之后才能成功，即所谓的失败乃成功之母，也可以说，坚持就是胜利。古往今来，许多的成功人士都是依靠坚持而取得胜利的。

“水滴石穿，绳锯木断”，这个道理我们每个人都懂，然而为什么微不足道的水能把石头滴穿？柔软的绳子能把硬邦邦的木头锯断？还是坚持。一滴水的力量是微不足道的，然而许多滴水坚持不断地冲击石头，就能形成巨大的力量，最终把石头滴穿。绳子把木头锯断也是同样的道理。

“坚持到底，直到胜利”，对哈佛人来说从来不是一句空话。他们认为，在实现目标的过程中，唯有坚持，才可以实现自己的目标，才能实现最后的胜利。

然而有趣的是，在这方面，孩子们似乎比成年人更执着。孩子们可以为一粒糖果而执着行动，而成年人却时常对实现自己的理想感到迷茫无助。

胜利者，往往是能比别人多坚持哪怕只有一分钟的人。即使精力已经耗尽，仍然用最后那一点点能量支撑下来的人就是最后的成功者。

也许你恰好就是一个典型的半途而废者，但是，哈佛人在这里要告诉你的是，意志坚定与不坚定其实只是习惯问题。一直以来，我们对于坚持到底的人，就说他意志坚定；对于半途而废的人，就说他意志不坚定。虽然意志坚定的人做事不一定会成功，因为促成成功的因素还有许多。但是，对意志不坚定的人来说，他常常无法突破难关，成功的概率当然就会降低很多。

〔哈佛寄语〕

世间最容易的事常常也是最难做的事。说它容易，是因为只要愿意做，人人都能做到；说它难，是因为真正能做到并持之以恒的，终究只是极少数人。

〔哈佛风采〕

哈佛学生们常说，在哈佛学习压力很大，每天有很多功课要做，很多课要上，但是只要我们坚持一下，今天的功课就能完成。哈佛学子把对学习的态度常用到生活中，他们在不停地塑造自己的意志力，坚持做好每一件事，从而获得成功。

积极进取，在充满荆棘的道路上奋进

人生之路虽不平坦，可生命之箭一经射出就不会停止，唯有积极进取，才能在充满荆棘的道路上勇往直前，成为自己命运的开拓者，这是哈佛在新生入学之初就告诫学子们的话，也是无数哈佛学子以自己的实践验证的真理。

永不停止进取的脚步

能考入哈佛是一种成功，但从踏入校门的那刻起，人生的拼搏之路又将翻开新的篇章，这是哈佛学子在刚进校门的时候经常会听到的提醒。有志向的哈佛学子深知昨日的成就不代表今日的辉煌，人生需要不断地开拓进取和自我超越的道理。

哈佛有着优秀而丰富的教学资源，也有着残酷的人才选拔和淘汰机制，在哈佛立足，没有顽强的精神，没有不断进取、勇于自我超越的斗志是很难成功的。所以，在不断进取中提高自身的能力，在一次次的自我超越中实现人生价值、靠近梦想是多数哈佛人的自觉选择。为了自我激励，一些哈佛人常会想起施罗德的故事。

施罗德于1944年出生在德国下萨克森州的一个贫民家庭。他出生后第三天，父亲就战死在罗马尼亚。由于家境清贫，母亲为抚育他们姐弟长大而欠下了许多债。一天，债主逼上门来，母子抱头痛哭。年幼的施罗德拍着母亲的肩膀安慰她说："别伤心，妈妈，总有一天我会开着奔驰车来接你的！"本是一句安慰的话，但施罗德通过不懈进取，终于在40年后实现了这一承诺。

1957年，施罗德因交不起学费，初中毕业后就到一家零售店当了学徒。贫穷带来的被轻视和瞧不起，使他立志要改变自己的人生："我一定要从这里走出去。"此后，他辞去了店员之职，到一家夜校学习。其间，他一边学习，一边到建筑工地当清洁工，他每天抓住一切可利用的时间刻苦地学习，从未停止过进取的脚步，凭借这样的勤奋和毅力，1966年他进入了哥廷根大学夜校学习法律。在大学期间，他仍旧保持着努力学习的习惯，从未间断。

毕业之后，他当了律师。32岁时，他当上了汉诺威霍尔律师事务所的合伙人。此后，他走上了从政之路，并在政坛上逐渐崭露头角、步步提升。1969年，他担任哥廷根地区的主席，1990年他当选为下萨克森州州长，并于1994年、1998年两次连任。政坛得志，没有使他放弃做联邦政治家的雄心。1998年10月，他走进联邦德国总理府。在谈到自己的成功经历时，他说："每个人都要通过自己的勤奋努力来接受教育，要永不停止进取的脚步，这对个人的成长至关重要。"

由于永不停止进取的脚步，始终发愤图强、坚持努力，施罗德终于完成了自我超越，最终成就了一番事业。哈佛人读懂了这个故事所揭示的道理，也十分明白积极进取在自我超越、自我价值实现中的重要作用，所以始终告诫着自己在成长的道路上要永不停止进取的脚步。

〔哈佛寄语〕

进取心是人进步的一种推动力，在它的引导和驱使下，我们就会不断完善和超越自我，向着更美好的明天而努力奋斗，这样，才可能收获人生的成功。忽视进取心的力量，总是止步不前，我们的人生将会变成一潭死水，不会有任何精彩。

〔哈佛风采〕

常怀进取之心，永不停止进取的脚步是哈佛在激烈的大学竞争排名中稳坐第一的法宝，也是哈佛师生自我激励的座右铭。在历任的哈佛教师中，有不少人正是因为永不停止进取的脚步，日复一日地在实验室进行研究，才有了突破性的发现，获得了一项项的诺贝尔奖。如约翰·恩德斯，长期积极进取，最终因应用组织培养法，培养出骨髓灰质疫苗，于1954年获得诺贝尔生理学和医学奖；康拉德·布洛赫，在进取心的引导下，因研究有关胆固醇与脂肪酸生化合成反应模型的成果，于1964年获得诺贝尔生理学和医学奖；等等。

进取，做自己命运的开拓者

哈佛有着严格的竞争机制和淘汰机制，在这里想要立足，想要脱颖而出，没有进取心基本是不可能的。所以，积极进取，开拓自己的命运也是哈佛教给学子的生动一课。

哈佛从不讳言社会竞争的残酷，即使是常被人们视为“天子骄子”的哈佛学子也时常面临激烈的竞争，而他们在竞争中取胜的法宝不仅是他们习得的知识和能力，还有积极进取的心态。进取心是推动个人积极向上的力量，是个人成长的动力。有了进取之心，人才能不断自我激励、勇往直前，追求更高理想和目标。无数的哈佛学子就是以进取之心开拓出了广阔的人生天地，创造了一次又一次的精彩。这方面，非常著名的哈佛大学心理学讲师、幸福学的讲授者泰勒·本·沙哈尔的成长经历就是一个很好的明证。

泰勒·本·沙哈尔从小喜欢篮球运动，但在11岁时，他放弃了自己的篮球梦，开始打壁球并立志成为世界冠军。此后，他所有的生活几乎都围绕着壁球展开，每天跑步、打球、上学、放学、打球、锻炼、写作业、睡觉。日复一日、年复一年，日子过得很艰苦。然而，超负荷的训练和运动并没有提高他的成绩，反而使他身心疲惫，在关键的比赛中紧张无比，最终输掉了比赛。尽管在赛场上失败了，可沙哈尔并没有因此而放弃进取的信念，他始终坚信一分耕耘一分收获，长期坚持训练，终于成功地打进了以色列全国壁球比赛的决赛。在胜利面前，他没有表现出过多的高兴，反而哭了起来，因为他知道自己还有更加远大的理想，他认为只有成为世界冠军才会真正快乐起来，为此，他需要加倍努力。

之后，他到了英国，以更加严格的要求训练自己。他每天跑7英里，在健身房锻炼3小时，半年艰苦卓绝的训练使他进步非常快。可不幸的是，严重的伤病缠上了他，在起初的时候他依然坚持刻苦训练，积极为自己的理想努力着。可到了20岁时，医生告诉他，他的病痛已经严重到需要做手术的地步了，而且最好放弃运动生涯。

迫于无奈，他只得选择了放弃。可生性积极乐观的他并没有因此甘于平庸，他将自己的精力和热情又放到了学习和深造上，经过不懈努力，他终于考上了哈佛大学，并最终获得哈佛大学心理学硕士、哲学和组织行为学博士，后又留校任教，在心理学研究方面做出了重要贡献。

正因为始终怀着一颗进取之心，泰勒·本·沙哈尔教授才能在一次次面临逆境的时候不屈服、不后退，积极面对，奋力克服，最终成为自身命运的开拓者，成就了自己的精彩人生。

〔哈佛寄语〕

安于现状、不思进取的人只能永远过着平庸的生活而难以有所作为，只有积极进取的人才有可能成为自己命运的开拓者。尽管积极进取需要付出汗水和辛劳，却是走向光明前途、实现人生价值的重要方式，经历过之后你便会发现，一切都是值得的。

〔哈佛风采〕

拥有责任心、事业心、进取心是哈佛对学子们的热切要求，没有进取心的人，很难进入哈佛，即使进入了也很容易被哈佛激烈的竞争体制淘汰，难以顺利毕业。从这个角度说，一个合格的哈佛学子应该具有一颗进取心。至今声名在外的哈佛学子如富兰克林·罗斯福、约翰·肯尼迪、威廉·詹姆斯等，没有一个是缺乏进取心的。

悟懂人生中美的真谛

哈佛大学崇尚真理，主张要以真理为友，所以哈佛精神在涉及人生美的真谛这一问题时也没有忽视“真”。没有完美的人，只有本色的人，这是哈佛人眼中的一种真实存在；合适的才是最好的，这是哈佛人坚持的真理。

没有完美的人，只有本色的人

在哈佛的教育观中，没有完美的学生，也没有完美的老师，所以哈佛很少要求学生和老师收敛自己的个性，反而鼓励有积极意义的个性和创新，哈佛很少对学生提过于苛刻的要求，尽管这有利于训练一个完美的人。

人有着追求完美的心态，在做事情时要求尽善尽美是无可厚非的，但这并不意味着人就要因此而背上一个沉重的包袱，在压力之下忘记了自我本色，从而变得急躁、自卑，甚至急功近利。尽管想从众多学子中脱颖而出，进入哈佛，优秀的成绩是必不可少的，但哈佛并没有要求学子们做到完美，反而更强调个性和本色，这点从哈佛选择人才的标准上就可以明确看出。

金无足赤，人无完人，所有的人都是不完美的，不仅是普通人，即使是哈佛学子中的佼佼者也是如此。这方面，哈佛学子、美国第6任总统约翰·昆西·亚当斯可以作为一个例证。

约翰·昆西·亚当斯是美国第2任总统约翰·亚当斯的长子，也是美国历史上第一位继承父业的总统。他从小聪明勤奋，享有“神童”的美誉，几乎样样都很出众，以至于在哈佛大学就读期间，一位哈佛教授称他是哈佛有史以来最有才华的学生。他在20岁时就获得了哈佛大学法学院的硕士学位，并成为一名受人尊敬的律师。因为深受父亲和周围人的影响，他最终步入政坛，做了外交官。由于能力很强，机敏过人，他在政坛上十分活跃，政绩突出。1817年门罗总统上台以后，亚当斯被任命为国务卿，协助起草《门罗宣言》，解决与英国的许多纠纷，从西班牙手中取得佛罗里达，被认为是美国历史上“最有成就的国务卿之一”。1825年，他当选为美国第6任总统。

可就是这样一位非常出色的总统也并不是完美的，也有着诸多缺陷，显示出真实的本色。他个子不高，长相普通，在当选总统的时候他已经秃顶；他穿着随便，时常出现有失体统的情况。而且，他还患有精神抑郁症，经常难以控制自己的情绪和态度，以致有些人觉得他冷淡、严厉、不易接近。

在生活和仕途中，约翰·昆西·亚当斯并没有刻意掩饰自己的这些缺陷，假装完美，反而以本色示人，以真诚待人，以能力说话，最终也成就了自己的精彩，登上了总统的位置。

世界上没有一件绝对完美的事物，也没有一个绝对完美的人，我们可以追求完美，却不见得要苛求完美。要知道，有时候本色的自己反而更能打动人，更有助于抓住机遇，实现自身的价值。

〔哈佛寄语〕

正如“世上没有不生杂草的花园”一样，世界上也没有绝对完美的人，所谓的完美只是一些人的美丽幻想。因此，我们需要不断完善自己，但也要卸下心头“完美”的负担，做好本色的自己，尤其是在面对自身的不足时要泰然处之，多一份自信，充分展现自己的力量！

〔哈佛风采〕

约翰·昆西·亚当斯（1767—1848年），生于马萨诸塞州，美国第2任总统约翰·亚当斯的长子，后成为美国第6任总统。他1788年从哈佛大学毕业，获得法学硕士学位，做了一名律师，后跟随父亲踏入政界，年轻时就成为有名的外交官，出使欧洲多年，熟悉欧洲事务。门罗总统上台后，他被任命为国务卿，由于各方面表现十分出色，他在1825年当选为美国总统，成为美国第一位继承父业的总统。在一生中，母校哈佛一直是他的灵魂归宿。

合适的才是最好的

哈佛之所以能培养出众多出色的人才，与其因材施教的教学方式、对于学生个人需求的重视是分不开的。老师想要提高教学成果，就应该鼓励学生以自己喜欢的方式来学习，因为合适的才是最好的。

1980年，哈佛大学物理系教授、诺贝尔奖得主史蒂文·温伯格对《科技导报》记者说，学生最重要的是拥有用自己最喜欢的方式学习的本领，而非安于接受书本上给予的答案。的确如此，能考入哈佛的学生，多数在学习能力和知识积累方面有着自己的优势，在他们看来，遵循适合自己的方式是最有效率的，所以他们常会按照自己的方式来学习。哈佛理解并尊重学生的习惯，也对于“合适的才是最好的”这一理念十分推崇。

事实上，想要提高学习成果，选择适合自己的方式很重要，英国有位社会学家曾经调查了几十位从哈佛大学毕业的著名人士，他们在谈及自己的经验时大多认为，学习时最重要的就是用最适合自己的方法学习。获得哈佛大学哲学博士学位的保罗·萨缪尔森深谙“适合自己的才是最好的”这一道理。

萨缪尔森于1915年出生于美国印第安纳州加里，他回忆自己的学习经历时曾说：“作为一个早熟的少年，我总是很擅长于逻辑推理和解那些IQ测试中的难题。所以，如果说经济学是为我而生的，那么，也可以说我是为经济学而生的。我的感触就是：儿时在玩乐中的一些发现，绝不要低估了它们的重要性，它们极有可能将成绩平平的孩子变成真正的勇士。”

兴趣和适当的学习方法在萨缪尔森的成长过程中发挥了重要的作用，对于他的事业成功也起着举足轻重的作用。他1941年获得哈佛大学哲学博士学位。长期从事经济学研究，他的研究涉及经济理论的诸多领域，而在研究和考查的过程中，他总是善于运用恰当的方法来考查各种问题。如他在研究经济问题时便采用了多种数学工具，使用了既包括静态均衡分析，也包括动态过程分析的方法，这对当代微观经济学和宏观经济学许多理论的发展，都有一定的影响。另外，正是运用了适合自己的方法，他才有更多的时间来学习和研究。

适合自己的才是最好的，这是保罗·萨缪尔森成长和成功的经历留给我们的启示。正是因为他在学习和研究中选择了适用于自己的学习方法，才充分利用有限的时间掌握了尽量多的知识，最终成为经济学的通才，并于1970年当选诺贝尔经济学奖获得者。

〔哈佛寄语〕

选择适合自己的学习方法更容易发挥一个人的天赋和才能，这样不仅学起来会很轻松，学习效率也会加倍提高；而当一个人试图采用不适合自己的方法学习时，就会像是在逆风中行走，肯定非常吃力。其实不仅是在学习上如此，做任何事情也都如此，“适合的才是最好的”是一个通用道理。

〔哈佛风采〕

保罗·萨缪尔森（1915—2009年）是新古典经济学和凯恩斯经济学综合的代表人物，1970年诺贝尔经济学奖获得者。他1935年获得芝加哥大学文学学士学位，1936年获得文学硕士学位，1941年获得哈佛大学哲学博士学位。他获得过多所世界名校的荣誉学位，长期从事教学工作和经济学各领域的研究，取得了丰硕的成果，突出贡献在于发展了数理和动态经济理论，将经济科学提高到新的水平。

人生需要自我超越

在刚进入哈佛时，学子们会听到这样的训言：请将以往成功所带来的自豪感收进记忆吧，因为从此刻开始，你脚下又将是新的征程，只有永不停止进取的脚步，不断挑战自我，你才能实现新的蜕变。

不要让优势成为你人生的绊脚石

优秀只是暂时的，荣誉只能代表过去，成绩只能代表现在，努力才能预知未来，这是广大哈佛学子的信条。在哈佛人看来，人生就是一个不断自我超越的过程，而要实现这一目标，就一定不能让优势成为前进道路上的绊脚石。

在今天的教育界，哈佛大学绝对算得上是泰山北斗了，这里不乏世界顶级的专家、学者，即使就读于哈佛的学子，也或多或少在某些方面有优于一般人的地方。尽管如此，多数哈佛人仍始终保持着谦虚的品格，因为大家知道，一个再优秀的人，如果骄傲自满，找不到前进的动力和方向，优势就可能成为前进的绊脚石；往日的荣誉并不说明什么，只有努力超越才能创造更美好的未来。

在哈佛的教育精神中，发现并重视自己的优势，积极发挥优势，不断攀登人生的高峰是一种可贵的资本，但不要让优势成为人生道路上的绊脚石也是应该铭记的箴言。在一堂哈佛教育课上，一位教授给学生们讲了这样一个故事：

三个旅行者早上出门时，其中一个带了一把伞，另一个拿了一根拐杖，而第三个人什么也没有拿。

晚上归来，拿伞的旅行者淋得浑身是水，拿拐杖的旅行者跌得满身是伤，而第三个旅行者却安然无恙。他们两个觉得纳闷。

第三个人问拿伞的人：“你为什么会淋湿而没有摔伤呢？”拿伞的旅行者说：“当大雨来到的时候，我因为有了伞，就大胆地在雨中走，却不知怎么淋湿了。当我走在泥泞坎坷的路上时，我因为没有拐杖，所以走得非常仔细，专拣平稳的地方走，所以没有摔伤。”

然后，第三个人又问拿拐杖的人：“你为什么没有淋湿而摔伤了呢？”拿拐杖的人说：“当大雨来临的时候，我因为没有带雨伞，便拣能躲雨的地方走，所以没有淋湿。当我走在泥泞坎坷的路上时，我便用拐杖拄着走，却不知为什么常常跌倒。”

“想知道我为什么安然无恙吗？”第三个人笑了笑，“当大雨来时我躲着走，当路不好时我细心地走，所以我没有淋湿也没有跌伤。你们的失误就在于你们有凭借的优势，认为有了优势便少了忧患。”

一些哈佛学子从故事中悟出了这样的道理：有所准备，占据一定的优势是好事，但有时候，拥有优势也可能让我们轻易放松警惕，毫无顾忌、不自量力地前行，结果，优势反倒成为我们前行途中的绊脚石。只有掌控好自己的优势，积极发挥优势，同时也避免让优势成为前进途中的绊脚石，我们才能沐浴胜利的曙光。

〔哈佛寄语〕

很多时候，我们总是盯着自己的缺点和不足不放，时时紧张着自己会暴露缺点，然而，更多时候我们不是败在缺点或者短处上，而是错在对自己优势的判断上。聪明的人，应该学会发挥优势但不被优势所累，千万别让它成为前进路上的绊脚石。

〔哈佛风采〕

哈佛这所创建于1636年的综合性私立大学在几百年的发展中取得了丰硕的成果，但这并没有阻止哈佛在改革中前行的脚步。为了不让优势成为绊脚石，从1869年查尔斯·W.埃利奥特任校长起，哈佛共进行过四次重大的教学改革。1869年的选修课改革强调赋予学生自主选课的自由；1919年的集中分配制改革提倡必修课程和选修课程的平衡；1945年普通教育改革要求培养自由社会的公民，树立西方价值观，重点是人类文化遗产和变革；1978年的核心课程改革着重提供学生探索知识的途径，希望学生可以通过在哈佛的学习成为实用型的人才。核心课程的改革不仅使哈佛在教育质量、科研水平和人才培养中名列世界前茅，而且也对世界大学课程教育产生了深远的影响。

不断挑战，才能超越自我

求学于哈佛的人，很少是没有进取心的。成为学习上的精英、生活中的强者，各个领域的明星人物是无数哈佛学子向往和追求的目标。与此同时，大家也都明白，要想成功地做到这些，必须不断挑战自我、超越自我。

哈佛大学是美国最早的私立大学之一，这里培养出了缔造微软、IBM、Facebook等一个个商业奇迹的人才。在今天，不少哈佛学生毕业后最热衷的道路是：要么自己创业，要么就是进入这些世界知名的大企业。哈佛人几乎都有自己的理想和追求，同时大家也明白，在通往成功的道路上，每个人都不可避免地会遇到一些艰难险阻，要获得最终的成功，就要不断挑战、不断超越自我。为了自我勉励，不少哈佛学子还会寻找一些相关人物作为自己的榜样。

吴士宏原本是一位护士，在不断迎接挑战、一次次实现自我超越之后，她先后当上IBM华南区的总经理、微软中国总经理、TCL集团常务董事、副总裁。

在北京的一家医院做护士时，吴士宏的工资十分微薄，她也总感觉没有成就感，于是她便在工作之余学习英语。在即将毕业的时候，她看到报纸上IBM公司在招聘，于是就想进入该公司。此前外企服务公司向IBM推荐过好多人都没有被聘用，吴士宏虽然没有高学历，也没有外企工作的经历，可没想到凭借着坚定的信念和勇于挑战的勇气，她最终被聘用了。据她回忆，在面试即将结束的时候，主考官问她会不会打字，她条件反射地说："会！"

"那么你一分钟能打多少？"

"您的要求是多少？"

主考官说了一个标准，吴士宏马上承诺说可以。主考官听后，说下次录取时再加试打字。实际上，吴士宏从未摸过打字机。面试结束，吴士宏急忙向朋友借钱买了台打字机，没日没夜地敲打了一星期，双手疲乏得连吃饭都拿不住筷子，最后竟奇迹般地敲出了专业打字员的水平。吴士宏就这样成了这家世界著名企业的一名最普通的员工。

顺利地进入IBM公司之后，吴士宏又想要实现新的超越，她不甘心只做一名普通的员工，所以在工作上付出了比别人多几倍的努力。于是，她渐渐得到了老板的赏识，先是成为第一批去美国本部做战略研究的人员之一，后又被任命为IBM华南区的总经理。

此后，她仍旧没忘记进取和超越，始终不断挑战和提高自身能力。1998年，她被任命为微软（中国）有限公司总经理，全权负责包括中国香港在内的微软中国区业务，销售业绩非常优秀。据说为争取她加盟微软，微软公司做了长达半年之久的艰苦努力。

正是不断挑战、不断超越自我的精神，成就了吴士宏事业上的辉煌。实际上，如果一个人能有超越自我的意识和积极进取的心态，并能为此而敢于挑战、不断努力，他必将有所成就。

〔哈佛寄语〕

想要超越自我，完成新的蜕变，我们需要不断地努力汲取新知识，思考新问题，开阔眼界；需要不断地否定自己，给自己制定新的目标，永不停歇地积极进取，只有这样，我们才能实现预期的目标。

〔哈佛风采〕

哈佛大学是美国最古老的大学，哈佛大学拥有大约2400名教授、6700名本科生和12400名研究生，人才多，竞争大。进入这里，就要勇于迎接挑战，不断超越自我。在哈佛，超越是为了更好地发展和完善自己，其宗旨在于实现自我的人生价值。

成功本就没有形状

哈佛从不主张以唯一的标准来评价人才和衡量成功，因为在哈佛的教育理念中，成功本就没有形状，成功的定义不应该取决于别人的评价，而应该是多元化的，多元化的成功不仅能令每个人充分发掘自己的潜能，也更有利于社会的和谐。

实现了自我价值，就是一种成功

哈佛在录取学生时不要高考状元而宁要精英，在培养人才时不仅注重传授知识更注重培养学生的能力和健全的人格。在哈佛看来，成功并没有固定的标准，只要实现了自我价值，就是一种成功。

哈佛大学是世界著名学府，各地的学子趋之若鹜，可哈佛每年的录取率不足10%。由于采用的是精英式教育的原则，哈佛培养出了社会各领域的众多人才。

虽然哈佛的图书馆中也有“幸福或许不排名次，但成功必排名次”的名言，但哈佛从来不给成功下明确的定义。哈佛一直坚持多元化的教育原则，并不以唯一的标准来要求学生。在哈佛的教育理念中，成功并没有形状，因而成功与否也不应该取决于别人的评价，而应该是多元的。那些从哈佛毕业的威望极高的总统、国家领导人固然是成功的，但哈佛学子中从事各门科学研究、企业管理等的人也不见得不成功，甚至那些刚从哈佛毕业、实现了自己的人生理想和价值的人也未必不是成功的。从这个角度来说，成功本就没有唯一的标准，它也不以别人的评价为标准，而取决于个人的内心和价值实现，过好了属于自己的生活，实现了自我价值，也就是一种成功。

曾经就读于哈佛的美国历任总统是成功的，他们在政治和军事舞台上叱咤风云，对国家和人民怀着深厚的感情，为社会和百姓做出了重要贡献。如约翰·亚当斯为美利坚合众国的创建做出了不可磨灭的贡献；富兰克林·罗斯福在美国面临经济危机时推行“新政”，使美国渡过了危机，社会生产得以恢复；约翰·肯尼迪即使在局势动乱的年代也给美国民众带来了极大的希望和勇气，稳定了社会局面，发展了经济。

从哈佛毕业的世界著名科学家、文学家是成功的，他们辛勤地研究和实验，在各自的领域做出了卓越的贡献，既实现了人生价值也服务了社会。如化学家理查兹确定了化学元素中原子重量的研究成果，使人类的科学研究又向前迈进了一步；乔治·明诺特致力于对贫血病的肝治疗法取得成功，医学成果突出；亨利·亚当斯在文学方面成就斐然，促进了人类文明的发展。

除了这些璀璨的明星和精英人物，哈佛还培养出了无数默默无闻奋战在世界各个领域的人物，他们兢兢业业地工作着，实现了自己的人生价值，对社会、对他人做出了贡献，他们也同样是成功的。

〔哈佛寄语〕

世界是丰富多彩的，成功的定义也是多元化的，并不是每个人都能声名鹊起，但每个人都能通过努力收获成功。只要过好属于自己的生活，勇往直前，积极进取，充分施展自己的才能，实现人生价值，我们都能拥有精彩的成功人生。

〔哈佛风采〕

在哈佛学子中，有众多我们耳熟能详的著名成功人士，比如文学家亨利·亚当斯、约翰·帕索斯、亨利·梭罗、亨利·詹姆斯；心理学家威廉·詹姆斯；新闻记者沃特·李普曼和约瑟夫·艾尔索普；天文学家本杰明·皮尔斯；化学家西奥多·理查兹；地质学家纳萨尼尔·谢勒等，也有很多不知名却成功的人士，他们都是值得我们尊敬的。

做有心之人，成功之神自然眷顾你

想要被哈佛这一世界著名的高等学府录取，光有优异的成绩和丰富的知识还不够，做个有心人也非常关键。在历年哈佛的面试和录取故事中，总有一些黑马脱颖而出，这些人之所以能得到成功之神的眷顾，最主要的原因就是他们善做有心人。

哈佛大学是世界一流的高等学府，它培养出了各个行业的精英人才。每年世界各地报考哈佛的学子有很多，哈佛在衡量和录取人才方面有着自己的标准，它不会光以成绩的优劣来录取学生，而通常会以笔试成绩加面试方式来进行选择。在面试时，哈佛主要考查学生的三方面：一是学术表现和学习成绩；二是学生的潜在影响力或领导能力；三是学生的个人品质。在哈佛看来，这三点都较为出色的人才是可造之才，也才能成就辉煌的人生。所以，要想进入哈佛，不仅要在学习方面勤奋努力，更应该在平时做个有心人，全方位提升自己的素质和能力。

在哈佛的教育理念中，做个有心人非常重要，只有自己喜爱并全身心地投入，孜孜不倦地追求自己的理想和目标，才有可能得到成功之神的眷顾，如果自己都放弃了，那是根本无法成功的。这方面，哈佛学子、美国总统富兰克林·罗斯福的故事可以作为一个例证。

曾任美国总统的罗斯福小时候长了一副暴露在外、参差不齐的丑牙，同学们经常因此而嘲笑他，所以他非常自卑，觉得自己是世界上最不幸的孩子。

有一年春天，他的父亲让几个孩子每人在院子里栽一棵树，然后告诉大家，谁栽的树苗长得最好，就给谁买一件他最喜欢的礼物。小罗斯福虽然也渴望得到父亲的礼物，但看到兄妹们欢喜的模样，想到自己的生理缺陷，他心中却萌生了希望自己栽的那棵树早点死去的念头。因此，他在栽下树之后，只浇了一两次水就再也不搭理它了。

几天后，小罗斯福再去看他种的那棵树时惊奇地发现它不仅没有枯萎，而且还长出了几片新叶子，与兄妹们种的树相比，他的树显得更嫩绿、更有生气。父亲兑现了他的诺言，为他买了一件他最喜欢的礼物，并对他说，从他栽的树来看，他长大后一定能成为一名出色的植物学家。

从那以后，罗斯福慢慢变得乐观向上起来。

一天晚上，罗斯福躺在床上怎么也睡不着，于是就想到院子里去看看小树是怎样生长的。当他来到院子里时，却看到父亲正在给他的小树施肥。顿时，他明白了父亲的苦心，也想起了父亲曾经跟他说的话：人不能因为有缺陷就自卑，只要有心，积极上进，也一样能得到成功之神的眷顾。

此后，罗斯福放下了自卑心，不断积极进取，虽然最终没有成为一名植物学家，却成为美国总统，做出了一番事业。

在任何时候都不要放弃自己，做个有心之人，追求成功，这是罗斯福从这件事中得到的启发，也是我们应该从中学习的道理。

〔哈佛寄语〕

一个人要想有所建树，做个有心人非常关键。只要有渴望成功的心，并致力于成长和发展，我们才能拥有勇往直前、不断奋斗的信心和勇气，也只有这样，我们才能执着追求，不断超越，最终实现自己的理想和目标。

〔哈佛风采〕

哈佛大学拥有许多研究机构和试验室，也有植物研究园，供师生了解和研究课题，为他们提供一线的科研场地。哈佛大学阿诺德植物园位于美国波士顿的牙买加平原，是主要的植物研究中心，以收集东方观赏乔木和灌木闻名，建立于1872年。阿诺德植物园种植了六千多种木本植物，其中特别重要的是东方樱桃、连翘、百合、忍冬、栎、木兰、针叶树、矮常绿树等亚洲树种。标本室藏有一百多万种参照标本，主要来自东亚和新几内亚。

Harvard 哈佛的14~16点钟

Ⅰ 习惯不是成就你，就是毁掉你

Ⅱ 个人定位决定人生轨迹

Ⅲ 克服困难，走出风雨哈佛路

Ⅳ 要征服世界，先要学会自我管理

Ⅴ 人生就是一场取与舍的权衡和抉择

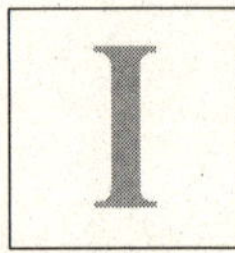

习惯不是成就你，就是毁掉你

哈佛非常重视习惯对于个人的影响，认为习惯既可以成就一个人，也可以毁掉一个人，良好的习惯是个人成功的重要因素。而在众多习惯中，我们最应该坚持的就是持久专注地做事，最应该避免的就是优柔寡断。

持久专注地做每一件事

哈佛的图书馆中有一条名言说：“谁也不能随随便便成功，它来自彻底的自我管理和毅力。”毅力是成功的重要保障，而持久专注地做事就是毅力的一大表现。但凡成大事者，多是有着明确的目标，并能集中精力，专心朝着这个目标努力的人。

哈佛在传授给学生知识的同时，也没有忽视对学生其他能力的培养。在哈佛人看来，成功的方式是多种多样的，成功的标准也是多元化的，而要想获得成功，却有一些必不可少的因素，如明确的目标、专注和坚持等。

如果一个人能持久专注地做一件事，全身心地投入并积极地希望它成功，这样不仅省时省力，而且也更容易达到目标。从这个角度来说，坚持和专注是个人能做好一件事、获得成功的重要条件。这方面，曾经就读于哈佛的学子、我国著名科学家竺可桢的故事就可以作为一个很好的例证。

竺可桢是著名的地理学家和气象学家，他的成功除了学识和能力等因素之外，专注和坚持也起了重要作用。竺可桢读初中时，才学出众，但身体非常差，他的同学常常嘲笑他，竺可桢因此非常气恼，同时也下定决心要锻炼身体。

于是，竺可桢制订了一套详细的锻炼身体的计划，并且说到做到。从此之后，他每天天一亮就到校园里跑步、舞剑、做操……他长期坚持着，将运动变为了一种习惯，即使遇到大雨天，也从不间断。由于长年坚持锻炼，竺可桢的身体渐渐强壮了起来。清晨运动这一事件使他养成了坚持的习惯，也让他体会到了坚持就能改变现状。

竺可桢从青少年时代起，就确立了“科学救国”的志向，因此他在学习上总是专心致志、勤奋刻苦。1910年，他获得了美国伊利诺伊大学农学院公费留学的机会，1913年夏毕业后转入哈佛大学研究院地理系专攻气象学。留学回国后，他看到中国没有自己的气象站，于是常年奔走呼吁，要求建立中国自己的气象站。在他的坚持努力之下，全国各地建立了四十多个气象站和一百多个雨量观测站，初步奠定了中国的气象观测网。

竺可桢长期从事气象研究工作，写下了大量记录天气和气象的日记。他的日记从1936年到1974年2月6日，连续38年一天未断，共计八百多万字。他去世前一天，还用颤抖的手记下了当天的气温、风力等，这些日记为我国的气象研究提供了宝贵的资料。竺可桢做事总是勤勤恳恳，专注而有毅力，他每天都会坚持到气象站，亲自观察和记录，有时候盯着记录仪器，一观察就是几小时。

获得成功并不困难，只要有决心和毅力，持久专注地做好每一件事情，你就会离成功越来越近，这是竺可桢的故事告诉我们的道理。

〔哈佛寄语〕

人的精力毕竟有限，要做好一件事情、收获事业的成功，离开专注和坚持是很难办到的，这是哈佛对于学子的教导，也是我们每个人都应该学习的精神。为着成功的理想，让我们从现在起学会持久专注地做一件事情吧！

〔哈佛风采〕

竺可桢（1890—1974年），又名绍荣，字藕舫，卓越的科学家和教育家，中国近代地理学的奠基人。他出生于浙江上虞，1910年公费留美入伊利诺伊大学农学院学习；1913年毕业后又转入哈佛大学研究院地理系专攻气象学；学成之后归国工作，长期从事气象方面的研究工作，先后创建了中国大学中的第一个地学系和中央研究院气象研究所；担任13年浙江大学校长，被尊为中国高校四大校长之一。

优柔寡断是幸运的绊脚石

哈佛的教授们时常告诫自己的学生：想要抓住机遇，成就大事，就应该努力培养果断的性格，敢想敢做，避免犹豫不决，因为优柔寡断是幸运的绊脚石，会严重阻碍个人的成长和发展。

在哈佛校园里，学习和生活的节奏非常快，人与人之间的竞争也非常激烈，要想从众多优秀的学生中脱颖而出，果断地抓住机遇非常重要。教授们常告诫学生说，犹豫是机遇的大敌人，是幸运的绊脚石，如果一个人遇到事情或者机遇到来时总是优柔寡断，拿不定主意，那他很难有所作为。为了增强说服力，奈尔教授在课堂上给学生们讲了这样一个故事：

有一个年轻人，他才能出众，但有着优柔寡断的性格弱点。在年轻时，他踌躇满志，觉得自己将来肯定会有所作为；可说到具体的人生规划，他又总是犹豫不决，不知道该先实现哪个目标。

一个清晨，上帝来到他身边，问："你有什么心愿吗？说出来，我可以让你实现，但是记住，你只能说一个。"

"可是，"这个人不甘心地说，"我有许多的心愿啊。"

上帝缓缓地摇头："这世间的美好实在太多，但生命有限，没有人可以拥有全部，有选择就有放弃。比如选择爱情就要忍受情感的煎熬，选择智慧就意味着痛苦和寂寞，选择财富就会有钱财带来的麻烦。但不管选什么，只要自己不后悔就好。"

这个年轻人想了又想，所有的人生理想和目标都在他的脑海中出现，犹豫了好久，他仍然不能决定哪一件才是自己最不能舍弃的。最后，他对上帝说："让我想想，让我再想想。"

上帝说："但是要快一点啊，我的孩子。"

从此之后，这个年轻人就在努力思索着、犹豫着，想了好久好久，却始终拿不定主意。一天又一天，一年又一年。他不再年轻了，渐渐变老了。直到有一天，上帝又出现了，他问："我的孩子，你还没有决定你的心愿吗？可是你的生命只剩下5分钟了。"

"什么？"他惊讶地叫道，"这么多年来，我没有享受过爱情的快乐，没有积累过财富，没有得到过智慧，我想要的一切都没有得到。上帝啊，你怎么能在这个时候带走我的生命呢？"直到最终，这个年轻人也没有做出决定，在优柔寡断中结束了一生。

试想，如果这个年轻人能果断地做出决定，也许就能得到上帝的眷顾，毫不费力地实现一个理想。可由于优柔寡断，他不但没有成为幸运儿，反而因为犹豫而陷入了持久的人生痛苦中。优柔寡断不仅无助于成功，反而会成为幸运的绊脚石，这就是哈佛教授通过这个故事想要告诉我们的道理。

〔哈佛寄语〕

果断地做出决定，勇敢行动是一种良好的习惯，这个世界上没有十全十美的选择，把时间都用在犹豫上，未来将是一片空白。所以，如果你想有所收获，就应该告别优柔寡断，远离犹豫彷徨，只有这样，才不至于将机会白白放走。

〔哈佛风采〕

同样就读于哈佛，可哈佛学子们的最终收获却是不尽相同的，有人事业有成，成为世界上闻名遐迩的精英；有人碌碌无为，淹没在芸芸众生中。哈佛大学如今已拥有10个研究生院、四十多个系科、一百多个专业，每年有几千名毕业生，这些人中的绝大多数还都是在平凡的岗位上工作着，只有少数人能扬名世界。如2011年，相关组织进行了一项名为"全球毕业生亿万富翁最多的学校"的排名统计，哈佛虽然名列第一，可跻身亿万富翁的人数却也只有62人，而在2011年，哈佛就有7200名毕业生。一般来说，遇事果断的哈佛学子往往更容易成功，而优柔寡断的人经常与幸运擦肩而过。

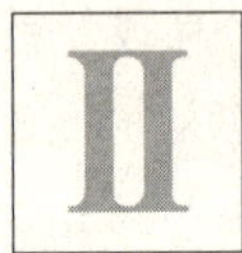

个人定位决定人生轨迹

个人定位决定着个人的人生轨迹，与个人的发展密切相关，因而，哈佛绝不会忽视对于学子个人定位的关注。哈佛时常教导学生要将自己放在正确的位置，在实现个人价值的同时也承担起时代赋予的社会责任。

把自己放在正确的位置

哈佛的教学宗旨不仅在于注重传授知识，更在于关注学子的健康成长，因而，哈佛对于学子的人生定位是十分关注的。哈佛认为，每一个人都应该将自己放在正确的位置，努力根据自己的特长来设计自己的人生。

在筛选和录取学生时，哈佛很看重其是否拥有明确的人生定位和美好的人生理想，在学生入学后，哈佛也很少用教条化的模式来要求和教导学生。在哈佛看来，每个人都有一个最有利于施展才能的位置，根据自己的环境、条件、才能、素质、兴趣等，确定努力方向，找到适当的位置，我们才能规划好自己的人生，最大限度地实现自我价值。

威廉·詹姆斯是美国著名的哲学家和心理学家，他1869年获得哈佛大学医学博士学位，几年后进入哈佛大学任教。在一生中，他几次变更理想和目标，不断寻找适合自己的位置，在将自己放到了正确的位置之后，他终于有所成就。

威廉·詹姆斯从小家境富裕，所以受到了良好的教育。在童年时，他上了两年的教会学校，但因为觉得这里古板的长老会教条令人难以接受而辍学，可在辍学之后他仍然对宗教和哲学很感兴趣。之后，他对哲学科学表现出了浓厚的兴趣。而在17岁时，他突然想当一位画家，可在学习了半年绘画之后就觉得自己缺乏这方面的天赋，所以选择放弃。此后，他遵照父亲的希望进入了哈佛大学，开始学习化学。其间，他又对烦琐而需要耐心的实验室工作感到十分反感，继而对化学也失去了兴趣，于是又将自己的兴趣转向当时的热点生理学。在不久之后，威廉·詹姆斯突然意识到了谋生的重要性和医学的实用性，于是又转入了哈佛医学院，专攻医学。然而，医学也没有能够唤起他的热情。此后，他又花了近一年的时间跟著名的哈佛博物学家路易·阿加西兹一起去了亚马逊河，希望自然史会成为他真正喜欢的学科，结果还是以失败告终。最终，他只得放弃自然科学，重新回到医学院，完成了医学院的全部课程。

从医学院毕业后，威廉·詹姆斯并没有去行医，而是将自己的大量精力花在了研究心理学上。他每天刻苦地学习着，积极进行研究和思索，经过长期努力，他终于找到了自己真正的兴趣所在，找到了适合自己的位置，并最终在心理学方面有所建树，成为美国的“心理学之父”。

威廉·詹姆斯的成功之路是曲折的，他的无数次探索都是为了寻找最适合自己的位置，并因为把自己放在正确的位置上才最终有所成就，实现了自己的人生价值。由此也说明了把自己放在正确位置上的重要性。

〔哈佛寄语〕

只有处于正确的位置上，个人才能更好地施展才华，实现自己的精彩人生，所以，我们每一个人都应该努力找到恰当的位置，根据自己的特长、兴趣、目标来设定目标，实现自己的精彩人生。

〔哈佛风采〕

威廉·詹姆斯（1842—1910年），1869年获得哈佛大学医学博士学位，1872年任哈佛大学生理学讲师，之后又担任心理学、哲学等课程的授课任务。他是美国本土第一位哲学家和心理学家。1875—1876年，他第一个在美国开设新心理学课——“生理学与心理学的关系”，并创立了一个小型心理实验室。他出版了诸多心理学和哲学方面的著作，如《心理学简编》（1892年）《对教师讲心理学》（1899年）《实用主义》（1907年）《真理的意义》（1909年）等。他的实用主义心理学对后来美国心理学特别是机能主义心理学的发展有重要影响，他的关于意识的功用、意识流等主张成为后来美国机能心理学的基本信条。

时代赋予的责任让你走得更远

无论是在录取学生还是在培养人才的过程中，哈佛都十分看重学生的社会责任感。在哈佛看来，责任感是个人与生俱来的使命，一个人除了要积极担当起对自己、对家庭的责任，更应当努力承担起时代所赋予的社会责任。

社会责任感的教育是哈佛人才培养计划的重要内容，哈佛非常看重个人的责任感，尤其是对社会的责任感。在哈佛面向中国内地的历年招生中，有不少高考状元纷纷落榜，缺乏社会责任感是哈佛拒绝录取这些学生的一个重要原因。

在2010年高考结束后，一条关于美国哈佛大学拒录北京地区理科高考状元的新闻被广泛传播，而这名学生之所以被哈佛拒绝，并不是因为成绩和能力，而是面试时的表现。哈佛的面试人员问了这位状元三个问题：你为什么要考哈佛？状元答：毕业之后找个好工作。问：为什么要找一个好工作？答：赚更多的钱。问：为什么想赚更多的钱？答：让我的家人和我自己过得更好。在我们看来，状元的这些回答是符合实际的，可哈佛的面试人员却认为，一名学生如果读书或者以后工作仅仅是为了自己和自己的家人，而不是为了社会，这样的人是自私的、没有社会责任感的，哈佛绝不会录取这样没有社会责任感的人。

在哈佛，拥有社会责任感是一个很重要的素质，而且也是哈佛着力培养学生的一方面。哈佛要求学生在每一学年都要从事社会实践，积极参与社会公益活动。哈佛对学生每周做义工的次数和时间也有要求。在这里，学生参与社会活动的情况也会被详细记录下来，作为个人考核的重要内容，如果达不到要求就会影响个人的年终成绩和发展。哈佛的这种教育方式，不仅有助于学生在实践中运用和丰富知识，也很好地培养了学生的社会责任感。

正是秉持着注重社会责任感的教育原则，几百年来，哈佛培养出了无数有社会责任感的文学家、企业家、政治家，这些社会精英不仅注重个人的幸福感，更积极承担起了时代赋予的社会责任。

著名企业家、微软公司的创始人比尔·盖茨就是一个勇于承担社会责任，并因此走得更远的人。他在成功创业致富之后一直关注世界的慈善事业，在利用互联网积极创造财富的同时，他还积极投资环保、慈善业；在退休之后，他更是将自己所有的财产捐献了出来，不给子女留一分钱。他在哈佛毕业典礼上曾说过，人类的最大进步并不是来自科学上新思想的发现，而是来自那些有助于减少人类不平等的发现，如果我们能够找到这样一种方法，既可以帮到穷人，又可以为商人带来利润，为政治家带来选票，那么我们就找到了一种减少世界性不平等的可持续发展道路，尽管这个任务不可能被完全完成，但只要个人积极承担起对世界和社会的责任，进行尝试和行动了，都将改变这个世界。

〔哈佛寄语〕

社会学家戴维斯说：“放弃了自己对社会的责任，就意味着放弃了自身在这个社会中更好的生存机会。”一个人只有将社会责任感植根于自己的行动中，积极担当，才有可能坦然面对自己的内心，实现更好的发展。

〔哈佛风采〕

哈佛对于社会责任感的教育是深入人心的，哈佛的毕业生有着这样的优良传统：捐助哈佛，扶持社会。哈佛有专门的校友办公室，办公室通常分为几个部门，各部门间分工明确，密切配合，主要职责就是整理每年各院系毕业生的材料，与以往各届校友保持联络，组织一些聚会和募捐活动等。捐款所得部分会用于哈佛建设的各项资金，也有部分会用于社会公益活动，服务社会。

克服困难，走出风雨哈佛路

在哈佛学习，竞争是相当激烈的，刚刚走进哈佛的学生不仅要学会适应环境、承受压力，更要学会勇于面对困难、克服困难，做好走风雨哈佛路的准备。从这个角度来说，学会面对逆境和困难，在命运的沉浮中不断磨炼和提升自己也是哈佛给学生的宝贵礼物。

靠自己的力量赢得社会认可

哈佛非常注重对学生自立品格的培养，其重要的教学理念之一就是从每一细微之处塑造学生的人格精神，培养学生自强自立自觉的道德品质。哈佛要培养的不仅仅是学习优秀的人，更是在困难的环境中始终保持着独立意识，积极进取的人才。

毕业于哈佛大学的肯尼迪一直是美国人民的骄傲，同时也是哈佛人的骄傲。由于受到了良好的教育和熏陶，肯尼迪从小就表现出了较强的自立精神，并在此后的人生之路上不断进步，最终成为美国第35任总统。哈佛大学为了纪念这位伟人，还创建了肯尼迪政治学院。

美国总统约翰·肯尼迪的父亲从小就注重对儿子独立性格的培养。有一次他赶着马车带儿子出去游玩，在一个拐弯处，因为马车速度很快，猛地把小肯尼迪甩了出去。当马车停住时，儿子以为父亲会下车把他扶起来，但父亲却坐在车上悠闲地掏出烟吸起来。

儿子叫道："爸爸，快来扶我。"

"你摔疼了吗？"

"是的，我自己感觉已站不起来了。"儿子带着哭腔说。

"那也要坚持站起来，重新爬上马车。"

儿子挣扎着自己站了起来，摇摇晃晃地走近马车，艰难地爬了上来。

父亲摇动着鞭子问："你知道为什么让你这么做吗？"

儿子摇了摇头。

父亲接着说："人生就是这样，跌倒、爬起来、奔跑，再跌倒、再爬起来、再奔跑。在任何时候都要靠自己，没人会去扶你的。"

父亲还经常带着儿子参加一些大型社交活动，教他如何与各种各样的人物打交道，如何以自己的能力赢得别人的赏识和认可。

曾经有人这么问肯尼迪的父亲："他还这么小，您这么要求他，是不是太难为他了？"

谁料肯尼迪的父亲立刻回答："哦，我这是在训练他当总统呢！"

正是由于父亲的精心培养和教导，肯尼迪从小就非常自立。在面对逆境时，他懂得懦弱并不能解决问题，只有相信自己，凭借自己的能力和聪明才智勇敢面对，才能真正解决问题。在平时的生活中，他更是深知增强自身能力的重要性，懂得靠自己的力量赢得社会的认可。

〔哈佛寄语〕

对于一个想要成就卓越的人来说，自立自强的精神是必不可少的。尤其是在面对困难的时候，如果一个人总想着依赖别人的帮助，就会变得怯懦无能，这样的人永远也无法坚强起来，永远也不可能有所作为。同样，想要赢得别人的赞赏和社会的认可，最主要的也是靠自己。

〔哈佛风采〕

约翰·肯尼迪（1917—1963年），生于马萨诸塞州，1940年毕业于哈佛大学，美国第35任总统。第二次世界大战中，肯尼迪加入美国海军，战后，当选为议员。1960年11月，肯尼迪在大选中以微弱的优势战胜对手，成为美国有史以来最年轻的总统。世人公认他为美国历史上最有魅力的总统，他年轻英俊，言谈举止风趣而充满活力，极富个人魅力，即使在局势动乱的年代也给美国民众带来了极大的希望和勇气。可惜的是，他于1963年11月22日遇刺身亡。

命运中的浮沉，是对人最好的磨炼

哈佛学子、美国副总统戈尔说：“自古以来的伟人，大多是抱着不屈不挠的精神，从逆境中挣扎奋斗过来的。”哈佛的教学理念不仅是教给学生丰富的知识和独立的学习能力，更注重对学生独立意识、自强精神的培养和教育。在这种教育观念的影响下，许多哈佛学子即使身处命运的沉沦中，也绝不会悲观绝望，反而将逆境作为对自己最好的磨炼。

海伦·凯勒是哈佛学子中成就斐然的一个，她身残志坚，没有因为艰难的处境而放弃自己的梦想和追求，而是乐观面对命运的沉浮，接受苦难的历练，最终成为19世纪美国盲聋女作家、教育家、慈善家、社会活动家。

海伦·凯勒在1岁半时突患急性脑充血病，连日的高烧使她昏迷不醒。当她苏醒过来，眼睛和耳朵都因为高烧而受到损伤，她变得又盲又聋，语言能力也几乎丧失。依照常理，这样一个高度残疾的人，生存都成问题，是很难有所成就了，可是小凯勒却经受住了命运的考验，而且在磨炼中越发坚强，成就了自己的精彩。

1887年3月3日，小海伦迎来了命运的转机，因为这天家里为她请来了一位教师——安妮·莎利文小姐。安妮·莎利文小姐不仅耐心地教海伦写字、手语，而且在生活上、思想上对她关怀备至，是她的人生导师。而海伦虽然身体残疾，学习起来特别吃力，但她渴望着战胜病残，学习知识，像正常人一样生活，所以她每天都在努力地学习。可以说，她所付出的辛苦是常人难以想象的。在长期的坚持下，海伦终于能像正常人一样写字和说话了。经过不懈努力，海伦·凯勒在

1898年时考入了哈佛大学附属剑桥女子学校。1900年秋，考进哈佛大学的拉德克利夫女子学院。其间，海伦·凯勒不仅坚持学习，而且还将自己战胜病魔的经历写成了书，希望以此鼓励更多的残疾人士战胜病残，接受命运的考验和磨炼，积极进取。她最为著名的作品有《我的一生》（又译《我生活的故事》）《我的天地》（又译作《我生活中的世界》）《石墙之歌》《冲出黑暗》等。

海伦不仅在写作方面颇有成就，她还非常热心于社会慈善活动。1906年，她被任命为马萨诸塞州盲人委员会主席，开始了为盲人服务的社会工作。之后，她又在全美巡回演讲，为促进实施聋盲人教育计划和治疗计划而奔波。到了1921年，终于成立了美国盲人基金会民间组织，她是这个组织的领导人之一。海伦也因为热心于盲人福利和教育事业而赢得了全世界人民的尊敬。

命运中充满了坎坷和不平，但不能因此而丧失斗志和进取的决心。真正的强者应该承受住命运沉浮的考验，在苦难的磨炼中变得勇敢而坚强，最终成就自己的精彩，这便是海伦·凯勒用一生诠释的道理。

〔哈佛寄语〕

不要期待不劳而获，也不要指望不经历命运的沉浮就能轻易成功。命运对人是公平的，想要有所成就，先要接受困难和逆境的磨炼。人生中的磨难是个人成长过程中的宝贵财富。经过历练，一个人才能不断成长、成才，到达理想的高度。

〔哈佛风采〕

海伦·亚当斯·凯勒（1880—1968年），生于亚拉巴马州，美国著名的文学家、残障教育家。她在19个月大时因为高烧而失明及失聪，后来在安妮·莎利文老师的帮助下学会了说话和写字，并开始与其他人沟通。她一生身残志坚，学习勤奋，于1898年考入哈佛大学附属剑桥女子学校，两年之后考进哈佛大学的拉德克利夫女子学院。她积极将自己战胜残病的人生经历写成书，以此带给人们鼓舞和帮助；她热心推动残疾人的教育，一生充满斗志。

要征服世界，先要学会自我管理

谁也不能随随便便成功，它来自彻底的自我管理和毅力。先学会自我管理，然后才思考征服世界是哈佛时常告诫学子的话。言外之意就是，如果想要有所作为，就应该先培养自制力，抵制过多欲望的诱惑。

为人要有自制力

要做好自我管理，先要培养良好的自制力，这是哈佛对学子的告诫，也历来为哈佛学子们所推崇。自制力不仅是个人成长中一种重要的能力，也是与事业成败密切相关的因素，有自制力的人往往更容易获得成功。

在哈佛，学习的氛围自由而热烈，很少有老师会强迫学生学习，也很少有学生为了考试而学习，在这样的校园中，自我管理和自我克制的能力尤其重要。如果不懂得控制好自己的情绪，你就会成为一个不受欢迎的人，这样是很难融入课堂讨论和各种群体中去的；如果没有自控力，无法抵御外界环境的诱惑，你就很难专心学习，也就很难从哈佛顺利毕业。其实，不仅在哈佛，生活在这个社会上的人，很少有人没有情绪，也很少有人不面临外界的诱惑，只有先学会控制好自己的情绪，抵御外界的诱惑，我们才能做好自我管理，进而在实现自我价值的基础上成就一番事业。

本杰明·富兰克林是享有国际声誉的科学家和发明家，他被哈佛等六七所大学授予硕士学位，是一位名副其实的成功人士，而良好的自制力为他的成功助了一臂之力。

本杰明·富兰克林小时候家境非常清贫，为了生计，他曾经做过排版工。在工作期间，有位管理员因为对他的工作不满而把屋里的蜡烛全部收了起来，这种情况一连发生了好几次。有一天，富兰克林到库房里赶排一篇准备发表的稿子，却怎么也找不到蜡烛了。他马上就想到原因，于是忍不住跳了起来，直奔地下室，去找那位管理员，而管理员此时正在悠闲地工作着，仿佛什么也没发生。

富兰克林怒不可遏，他对着管理员破口大骂，直到自己骂累了为止，谁知管理员听后并没有生气，反而面带微笑，以一种充满镇静与自制的声调说："呀，你今天有些激动，是吗？"

这句话就像是一把锐利的短箭，一下子刺进了富兰克林的心里，他顿时觉得无地自容。事后，富兰克林想：管理员虽然没有文化，而且所做的事不够光明磊落，但因为能很好地控制自己的情绪，却在这场"战争"中打败了自己，而且，随意发泄情绪的大骂不但没有为自己挽回面子，反而增加了自己的羞辱感。他意识到了自己的错误，并开始反省自己的行为，于是他决定向管理员道歉。管理员接受了他的歉意，并笑着说："你不用向我道歉，别人听不见你刚才说的话，我不会把它说出去的，我们就把它忘了吧。"富兰克林听后，紧紧地握住了管理员的手。

在走回库房的路上，富兰克林下定决心，以后一定要控制好自己的情绪，因为凡事以愤怒开始，必以耻辱告终。你一旦失去自制，另一个人——不管是一个目不识丁的文盲，还是有教养的绅士，都能轻易将你打败。

这件事成为富兰克林一生中最重要的一个转折点，正因为学会了自我克制，富兰克林之后的人生道路走得顺畅了很多。他回忆说："一个人除非先控制自己，否则他将无法成功。"

〔哈佛寄语〕

自制力是做好自我管理的第一步，也是关键的一步，它对于个人的成长和进步有着重要的作用和意义。如果想要成为主宰自己命运的强者，建功立业，就必须先学会克制自己、管理自己。

〔哈佛风采〕

自我管理能力是哈佛非常重视的能力。在哈佛校园中，学习是一种自觉的行为，学生们的课程排得并不是很满，但这并不意味着学生可以随意浪费时间、纵情玩乐。因为在哈佛，老师讲课的速度非常快，而且课后还会布置很多作业，如果没有自制力，不懂得自我管理，就有可能跟不上老师讲课的速度，这样的结果就是最终被淘汰。

欲望让心灵处在烦恼不安的状态

哈佛时常教导学生要正确面对和处理个人的欲望，因为欲望一方面是个人不懈追求的原动力，另一方面也是个人烦恼和痛苦的根源，它能催人上进，也能使人的内心处于烦恼不安的状态。

哈佛大学心理学教授塞得兹说："一个忘掉自己身份的人是可耻的。"而过度的欲望就常常令人忘掉自己的身份，使个人为满足欲望而绞尽脑汁，烦忧不已。想要避免成为不能准确认识自己的人，我们就应该时刻警惕过度欲望的烦扰和侵蚀。在哈佛课堂上，教授给学生讲了这么一个平实而蕴含深意的故事：

有一对即将结婚的新人，兴奋地憧憬着未来的美好日子，因为他们中了一张高额彩券，奖金是7.5万美元。

可是，这对马上要结婚的新人，在中奖后隔天，就为了"谁该拥有这笔意外之财"闹翻了。两人大吵一架，并不惜撕破脸，闹上法庭。这是为什么呢？因为这张彩券当时是握在未婚妻的手中，但是未婚夫则气愤地告诉法官："那张彩券是我买的，后来她把彩券放入她的皮包内，但我也没说什么，因为她是我的未婚妻嘛！可是，她竟然理直气壮地说彩券是她的，是她买的！"

这对未婚夫妻在法庭上大声吵闹，各执己见，丝毫不妥协、不让步，让法官伤透了脑筋。最后，法官下令，在尚未确定谁是谁非之时，发行彩券单位暂时不准发出这笔奖金！而两位原本马上要结婚的佳偶因争夺奖券的归属而变成怨偶，双方也决定取消婚约。

在这个故事中，原本应该幸福的一对新人却因为内心对于金钱的强烈占有欲而对簿公堂，最终不欢而散，这样的结果是悲剧的，也是本不应该出现的。所谓“人心不足蛇吞象”，人的贪婪欲望一旦迸发，就可能让人失去自我，丧失基本的分辨和判断能力，并为了满足欲望而采取一些不当的措施，这不仅破坏了自己和他人之间的关系，也常常使自己的内心处于烦恼不安的状态，实在是得不偿失。

教授最后告诫自己的学生，人并非不能有欲望，但要掌握好适度的原则，一定要努力发挥欲望对个人成长的促进作用，尽量避免被过度的欲望所侵扰，这样的人生才会是快乐而有意义的。

〔**哈佛寄语**〕

欲望过多，人的双眼就容易被遮蔽，人就可能是非难辨，内心烦恼、痛苦，甚至可能失去自我。为了避免陷入这样的境地，我们一定要控制欲望，懂得舍弃，只有这样才能从贪婪中解脱出来，获得内心的安宁。

〔**哈佛风采**〕

在哈佛历史上，出现了无数为人类做出突出贡献的科学家，他们并没有过度的欲望，也从不贪婪地希望能从科学研究中发财致富，支撑他们不断拼搏进取的是他们对于人类科学事业的热情。比如，弗里兹·李普曼因证实了一种蛋白质“辅酶A”以及发现认识蛋白质的基本方法，于1953年获得诺贝尔生理学和医学奖，但他并没有因此就要求得到特殊待遇；罗伯特·伍德华因在实验室合成络合物的分子，于1965年获得诺贝尔化学奖，他也没有因此就想着利用研究成果赚钱。

人生就是一场取与舍的权衡和抉择

做好人生中的选择题，学会正确取舍和权衡，这是哈佛教给学生的宝贵一课。哈佛的教授经常告诫学生，人的精力是有限的，第一流的人应该先做最重要的事情；想要过好丰富而有意义的人生，就应该放弃无谓的执着。

第一流的人先做最重要的事

在哈佛，学习的任务是非常繁重的，学生们每学年都有大量课程需要完成，此外还有很多其他的活动。但聪明的哈佛学生总能应对自如，因为他们明白，高效做事的人之所以能在最短的时间内保质保量地完成工作，是因为他们掌握了先做重要事情的原则。

被美国《时代》杂志誉为“人类潜能的导师”的史蒂芬·柯维博士这样说过：“人类的重要任务就是将主要事务放到主要的位置上。”在哈佛，这一说法得到了普遍认同。做好时间管理、学会先做重要的事情是哈佛经常教导学生的话。为了说明这一道理，一位哈佛教授还给自己的学生讲了这样一个故事：

伯利恒钢铁公司总裁理查尔斯·施瓦布，为自己和公司的低效率而忧虑，于是去找效率专家艾维·李寻求帮助，希望李能教给他一套思维方法，告诉他如何在短时间内完成更多的工作。

艾维·李说："好！我10分钟就可以教你一套至少提高50%效率的最佳方法。

"首先，你需要先把明天必须要做的最重要的工作记下来，按重要程度编上号码。最重要的排在首位，以此类推。然后你需要按照标记的顺序去做事。早上一上班，你就马上从第一项工作做起，一直到完成为止。然后用同样的方法对待第二项工作、第三项工作……直到下班为止。即使你花了一整天的时间才完成了第一项工作，也没关系。只要它是最重要的工作，就坚持做下去。每天都要这样做。在你对这种方法的价值深信不疑之后，叫你公司的人也这样做。"

在最后，艾维·李还说："这套方法你愿意试多久就试多久，然后给我寄张支票，并填上你认为合适的数字。"

在刚听完这个建议之后，施瓦布觉得并没有什么特别，可他仍旧愿意尝试一下。几天之后，他开始认为这个思维方式很有用，不久就填了一张25000美元的支票给李。从此之后，施瓦布不仅自己坚持使用艾维·李教给他的那套方法，还将其传授给了自己的员工。五年后，伯利恒钢铁公司从一个鲜为人知的小钢铁厂一跃成为美国最大的钢铁生产企业。施瓦布常对朋友说："我和整个团队坚持最重要的事情先做，我认为这是我的公司多年来最有价值的一笔投资！"

对待工作，一定要注意区分轻、重、缓、急，先集中力量做好最重要的事情，然后再一步步地完成所有的事情，这便是哈佛教授想告诉学生们的道理。只有善于做好时间的管理和分配，先做重要的事情，而不是完成一堆既不重要又不紧急的事情，才能提高效率，才有可能成为第一流的人。

〔哈佛寄语〕

人的精力是有限的，集中精力在重要的事情上，是提高效率的一个重要方法。其实，先做重要的事情不仅适用于工作，也适用于生活和学习，如果善于分清主次，能将精力投入在重要的事情上，我们不仅会过得充实、学得轻松，还更容易成功。

〔哈佛风采〕

哈佛是世界上对学生最严格的学校，也是最"松"的学校。哈佛允许学生自由选课，许多学科的评分甚至没有明确的标准，但效率优先和先做重要的事情是哈佛非常重视且一再强调的原则。在哈佛，表现最突出、最受哈佛教授欢迎的学生往往不是那些整天只会读书的学生，而是懂得分配时间和精力，先把重要的事情做好的学生。

放弃无谓的执着

对真理执着追求、对学术积极探索是哈佛精神中的重要内容，也是哈佛学子们时常聆听到的重要教诲。哈佛人是执着的，可并非对所有的事情都执着以求，在特定的情况下，他们也会放弃无畏的执着。

在哈佛人看来，坚持和执着是一种良好的品格，是个人有所作为的重要保障。然而，这种坚持和执着应该建立在正确目标和方向之上，如果目标错了，就应该放弃无畏的执着，及时改变和调整，因为在没有找到正确方向时过分坚持就可能导致在错误的道路上越走越远，这样成功的机会也就会越来越渺茫。为了告诫学生学会衡量和判断，放弃无谓的执着，一位哈佛教授在课堂上讲了这样一个故事：

两个贫苦的农夫，每天都会结伴翻过一座大山去耕地，以维持生计。有一天，他们在回家的路上发现了两大包棉花。两人喜出望外，因为他们知道，棉花的价格比粮食要高很多，将这两包棉花卖掉，足可使家人一个月衣食无忧，于是，两人各自背了一包棉花，匆匆赶路回家。

走着走着，其中一个农夫又发现山路上有一大捆布。走近细看，竟是上等的细麻布，足足有十几匹。他欣喜之余，和同伴商量，一同放下背负的棉花，改背麻布回家。

他的同伴却有不同的看法，认为自己背着棉花已经走了一大段路，到了这里丢下棉花，岂不枉费自己先前的辛苦，坚持不换麻布。不管发现麻布的农夫怎么劝，同伴都不听，没办法，他只能自己费力地背起麻布，继续前行。

又走了一段路后，背麻布的农夫望见林子里闪闪发光，走近一看，地上竟然散落着数坛黄金，心想这下真的发财了，赶忙邀同伴放下肩头的棉花，改为挑黄金。可他的同伴依旧执着，不肯放下已经背了很久的棉花，并且怀疑那些黄金不是真的，劝他不要白费力气，免得到头来空欢喜一场。

发现黄金的农夫无可奈何，只能自己挑了两坛黄金，和背棉花的伙伴赶路回家。走到山下时，突然下了一场大雨，因为没有地方躲雨，两人都淋湿了。更不幸的是，背棉花的农夫背上的大包棉花吸饱了雨水，重得无法背动，他不得已，只能丢下一路辛苦背来又舍不得放弃的棉花，空着手和挑金子的同伴回家去了。

哈佛教授所讲的这个故事意在告诫学生们：执着是一种良好的品格，可问题在于，如果明知坚持的事情是错误的或是不值得的，却仍是坚持不愿放弃，就不仅毫无所获，还可能导致有害的后果。聪明的人，应该在该坚持的时候坚持，在该放弃的时候，放下无谓的执着。

〔**哈佛寄语**〕

成功者的秘诀是随时检视自己的选择是否有偏差，合理地调整目标，放弃无谓的坚持，轻松地走向成功。在成长的道路上，我们应该根据自己的实际情况，灵活地选择是该坚持还是该放弃，只有这样，我们才有可能成为一个成功者。

〔**哈佛风采**〕

哈佛是令世界各地学子向往的高等学府，可在哈佛的历史上，也有不少人选择了中途退学，他们的举动并不是出于逃避学业，而是勇于取舍的表现。詹姆斯·科劳里在31岁时才考上哈佛大学法律系，可他看到现代奥运会即将在希腊举行的消息后，为了实现自己的奥运冠军梦，他放弃了继续求学于哈佛的打算，最终成为一名出色的运动员。若干年后，他因为成绩斐然而获得哈佛的名誉博士学位。

H arvard 哈佛的16~18点钟

Ⅰ 金钱可摧毁你，亦可成就你

Ⅱ 即使现在，对手也在不停地翻动书页

Ⅲ 学会倾听，与别人进行更有效的沟通

Ⅳ 哈佛人有足够的耐心等待成功

Ⅴ 健康的身体才是革命的本钱

金钱可摧毁你，亦可成就你

在历史上，哈佛培养出了众多优秀的金融家、企业家，这与哈佛注重学生的财商培养不无关系。哈佛在教导学生提高理财能力的同时，也希望学生能树立正确的理财观，避免因过分贪婪而造成严重的后果。

理财是一项与年龄一起增长的事业

哈佛学生有不少是在学习的中途开始创业的，除了比尔·盖茨这样世界著名的企业家之外，还有不少人从事课外研究、提供咨询、业余创业或者救生员这样的职业。因此很多人从哈佛毕业时，已经是对理财工作熟稔的老手了。

西方国家普遍看重从小培养孩子的理财能力，在美国，青少年在父母的指导下，是这样实现他们的理财目标的：

3岁时，辨认硬币和纸币的区别；

4岁时，知道每枚硬币是多少美分，能够买到多少东西；

5岁时，知道基本硬币的等价物，了解钱是怎么来的；

6岁时，他们就能够认出数目不大的钱，能够数大量的硬币；

7岁时，懂得看价格标签；

8岁时，知道要赚钱必须通过工作，还可以把钱存在银行里；

9岁时，制订简单的一周开销计划；

10岁时，知道每周节约一点钱，以备大笔开销使用；

11岁时，知道购物时比较价格；

12岁时，懂得使用银行业务中的简单术语并学习计划两周的开销。

在哈佛校园中，学生靠自己打工赚钱来读书、生活，用自己的钱来投资理财是一件很平常的事情。哈佛的学生，不管家境好坏，多数都有自己赚钱读书、自己投资理财的经历；身处这样的环境，即使以前根本没有赚钱和理财意识的学生，也会因为受到影响而改变。可以说，哈佛的这种氛围深远地影响了在此学习和成长的每一个人。哈佛学子、美国第45任副总统戈尔就受到了这样的影响并在之后的人生中积极提高理财能力。

戈尔是美国著名的政治人物，他经商赚钱虽然是从离任时开始的，但其理财意识却是随着年龄而不断增长的。他从小便受到了良好的理财教育，并在之后的人生中不断丰富和发展着自己的理财能力，即使是在从政期间，他也没有忽视对赚钱和理财能力的提高，积极致力于商业发展。在卸去政治职务之后，他将精力完全放在了经商上。近些年来，戈尔的身价不断攀升，其个人财富已从120万英镑增加到大约6000万英镑。除了适时投资苹果计算机和Google公司大赚了一笔之外，戈尔还在其他方面发挥着自己的理财能力。他不仅是世代投资管理公司创办人之一，还涉足图书、出版行业，他目前已在碳交易市场、太阳能、生物燃料、电动汽车、可持续养鱼业和无水厕所等环保项目上投入大量资金，每年都能取得相当可观的回报。

戈尔今天所获得的财富及其理财能力是有目共睹的，但在其取得的成就背后，是他长期的努力和艰辛。正是因为把对理财能力的培养当作一项事业，长期致力于不断丰富和提高自己的理财能力，他才能有今天的辉煌。

〔哈佛寄语〕

学会投资理财、拥有财富是多数人的梦想，但要实现这一梦想并不容易。它需要我们将理财视为一项与年龄一起增长的事业，投入大量的精力来学习和培养。唯有如此，我们的理财能力才能不断提高，我们才能实现拥有财富的理想。

〔哈佛风采〕

艾伯特·阿诺·戈尔（1948— ），1948年出生于美国田纳西州的一个政治世家。1969年从哈佛大学毕业，同年8月进入陆军服役，在越战之后，他走上了从政之路，曾出任美国国会众议员（1977—1985年）及美国国会田纳西州参议员（1985—1993年）等，并于1993—2001年间担任美国第45任副总统。除了这些身份之外，他还是著名的环境学家和成功的商人，他曾因为在环球气候变化与环境问题上的贡献而获得2007年度诺贝尔和平奖，在卸去政治职务之后，他积极经商赚钱，财富大增。

贪得无厌，往往容易落入陷阱

哈佛大学在帮助学生提高理财能力的同时也时常教导学生要避免贪得无厌，因为贪婪不仅无益于财富的积累，反而往往令人落入陷阱，变得贫穷，乃至一无所有。聪明的人会在理财时掌握适度原则，而不会贪得无厌。

哈佛大学经济学教授丹尼·罗德克说："世界上几乎所有大宗教都有着一条戒律，就是反对贪婪。"为了告诉学生贪婪可能导致的可怕后果，警示人们远离贪婪，哈佛的国际事务学教授安东尼·塞奇在课堂上给同学们讲过一个真实的故事。

1856年，俄亥俄州的亚历山大商场发生了一起盗窃案，共失窃八块金表，损失16万美元。在当时，这是相当庞大的数目。

就在案子侦破期间，纽约商人罗森到此地批货，随身携带了4万美元现金。当他到达下榻的酒店后，先办理了贵重物品的保存手续，接着将钱存进了酒店的保险柜中，随即出门吃早餐去了。

在咖啡厅里，他听见邻桌的人在谈论前阵子的金表盗窃案，因为这是当时人们议论的热点，所以这个商人并没有太在意。

中午吃饭时，他又听见邻桌的人谈及此事，他们还说有人用1万美元买了两块金表，转手后净赚3万美元。其他人纷纷投以羡慕的眼光说："如果让我遇上，不知道该有多好！"罗森听到后却怀疑地想："哪有这么好的事？"

到了晚餐时间，金表的话题居然再次在他耳边响起，等到他吃完饭，回到房间后，接到一个神秘的电话："你对金表有兴趣吗？老实跟你说，我知道你是做大买卖的商人，这些金表在本地并不好脱手，如果你有兴趣，我们可以商量看看。品质方面，你可以到附近的珠宝店鉴定，如何？"罗森听到后，不禁怦然心动，他想这笔生意可获取的利润比一般生意优厚许多，于是便答应与对方会面详谈，结果以4万美元买下了传说中被盗的八块金表中的三块。

但是第二天，他拿起金表仔细观看后，却觉得有些不对劲，于是将金表带到熟人那里鉴定，没想到经鉴定，这些金表居然都是假货，全部只值2000美元而已。直到这帮骗子落网后，商人才明白，从他一进酒店存钱，这伙骗子就盯上了他，而他一整天听到的金表话题，也是他们故意安排的。

正是由于贪婪之心在作祟，商人罗森才会失去分析和判断能力，最终上当受骗，掉进了坏人早就设下的圈套，损失了大量的钱财。

〔**哈佛寄语**〕

贪得无厌，总容易令人迷失方向，落入别人的圈套，或让人丧失理性的分析和判断能力，跌入痛苦的深渊。贪婪就是我们的敌人，也是我们在学习理财时应该努力避免的问题。聪明的人在任何情况下都应保持审慎思考，避免因贪婪而落入陷阱。

〔**哈佛风采**〕

在哈佛，不少人都曾经获得诺贝尔经济学奖，可以说，他们对于经济的研究是非常深刻的，对经济的运行规律也了解得十分透彻。比如哈佛教师西蒙·史密斯·库兹涅茨因提出以GNP的概念作为衡量国家经济增长变化的一种测度，于1971年获得诺贝尔经济学奖；肯尼斯·阿罗因对总体经济均衡理论和福利理论的研究做出了贡献，于1972年获得诺贝尔经济学奖；瓦西里·列昂季耶夫因提出用于经济的计划和预测的投入产出分析法，于1973年获得诺贝尔经济学奖等。在获奖之后他们仍旧在教学岗位上兢兢业业，培养了大批经济学人才。

即使现在，对手也在不停地翻动书页

哈佛拥有开放的竞争环境，在这里，教授之间、学生之间的竞争不断。在哈佛人的眼中，竞争无处不在，无时不有，当自己止步不前时，有人却在拼命奔跑，为了赢得竞争，唯一的方法就是永远走在别人的前面，永远拼搏进取。

你止步不前，有人却在拼命奔跑

在哈佛，学子们经常受到这样的教育：懈怠是奋斗的第一敌人，如果满足于眼前的成绩，不思进取，很有可能在不久之后远远落后于竞争对手。因为当你止步不前的时候，有人却在拼命奔跑，这就相当于自己在后退。

在哈佛校园中，很少能看到偷懒的学生，因为在这里，处处弥漫着竞争的硝烟，想要保持竞争优势，想要不输给别人就必须前进不息。哈佛学子们牢记学校的教诲，将懈怠作为自己前行的最大敌人，因此，每个人都从不轻易让自己停止进取的脚步，而是时刻提醒自己不断奋斗。

在积极进取的哈佛学子看来，抓紧每天有限的时间，充分利用好每分每秒的时间，努力拼搏，才能保持自己的竞争优势，如果自己止步不前，就很有可能被对手超越。怀着这样的心态，他们无时无刻不抓紧时间刻苦学习，哪怕是在吃饭、走路时也没有完全放弃学习。如下的这些故事，是哈佛人经常用于自我激励的事例。

雨果·布莱克本来是一个文化程度很低的人，他小时候没有接受到良好的教育，后来因为机缘而走上了从政之路。在进入美国议会前，他并未受过高等教育，掌握的知识十分有限。起初他也常常因此而被竞争对手嘲笑和打击，可他并没有因此灰心，而是下定决心改变现状，努力学习知识。于是，他每天从百忙之中挤出一小时到国会图书馆去博览群书，包括政治、历史、哲学、诗歌等方面的书。数年如一日，即使在议会工作最忙的日子里也从未间断过，正是因为奋斗不息，他在短短的几年时间内掌握了丰富的知识，最终成功战胜了无数竞争对手，当选为美国最高法院的法官。

尼古拉本是一个默默无闻的希腊籍电梯维修工，他的社会地位很低，工作也很忙碌，可他始终没有放弃拼搏进取。因为对现代科学很感兴趣，他每天下班后到晚饭前，总要花一小时时间攻读核物理学方面的书籍。1948年，他提出了建立一种新型粒子加速器的计划。这种加速器比当时其他类型的加速器造价便宜而且更强有力。他把计划递交给美国原子能委员会做试验，又经改进，这台加速器为美国节省了7000万美元。尼古拉得到了1万美元的奖励，还被聘请到加州大学放射实验室工作，从此，他过上了体面的生活，以前嘲笑他的那些人都觉得很惭愧。

有人常常会以“我只是在业余时间打个盹而已，业余时间为什么把自己弄得那么紧张”来作为懈怠的借口，殊不知，人的差异就在于业余时间。只有学会好好利用业余时间，在对手打盹的时候仍不停止奋斗和拼搏的脚步，才有可能战胜对手。

〔哈佛寄语〕

来到哈佛不意味着你可以安享哈佛学子的荣誉，坐等世界最好的工作来邀请你。要知道，你身边的同学在努力，同时那些无缘来哈佛学习但积极上进的青年也在学习，如果你停滞不前，只是浪费了哈佛这样好的学习平台和自己的生命。

〔哈佛风采〕

哈佛是一所竞争激烈而残酷的大学，学校的淘汰制度非常严苛无情。在哈佛大学，有这样一句口号：在运动中当第一，在学习上争第一，在社会政治生活中成为第一！并且被告知“不飞速地奔跑，你就会被甩掉”。

永远走在别人前面

哈佛侧重以培养精英的方式培养学生。哈佛的教授时常教导自己的学生，在激烈的竞争中保持优势的最好方法就是永远走在别人前面，只有这样，才有可能成为一个优秀的人，才有资格享受美好的生活。

虽然人人都羡慕哈佛学子，并非常向往进入哈佛学习，但哈佛的学习节奏也不是每个人都能适应的。如果一个才能平庸的人进入了这所学府，同那些才华横溢、刻苦顽强的人一起学习，他就会感到力不从心，这样不仅会被哈佛淘汰，而且还会打击到个人的自信心。在世界上，哈佛不仅以学术闻名，其残酷的竞争机制和对学生的超高要求也是十分出名的。

在哈佛人看来，竞争无处不在，要想在竞争中获胜，就必须时刻保持积极进取的状态，善于利用一切时间和条件来促成自己的成长和进步。总之，就是要永远走在别人的前面，保持自己的竞争优势。在哈佛，广泛流传着这样一个故事：

很久以前，在美国的一个边远小镇，居民们用水十分不方便，大家常常要到10里外的地方去挑水喝。

头脑灵活的约翰看到其中的商机，他挑起水桶，以挑水、卖水为业，每担水卖2角钱，虽然辛苦点，还算是一条不错的路子。布朗看了，觉得钱为什么只让他一个人赚呢？也走上挑水、卖水之路，并且将3个儿子也动员起来，当然荷包也鼓了。

约翰想，你家劳动力多，我比不过，索性买来了15副水桶，请了15个闲散劳动力，由他们挑水，自己坐镇卖水，每担水抽6分钱。这样，既省了力气，又多赚了钱。可时间一长，这些挑水工人熟悉了门道，不再愿意被抽成，纷纷单干去了。

思索过后，约翰请人做了5个大水柜车，并租来5头牛，用牛拉车运水，每次

50担，效率又提高了，成本也降低了，因此赚了更多的钱。这让其他人看得眼红。人们很快看到“规模经营”的优势，于是纷纷联合起来，或用牛拉车，或用马拉车，参与到竞争中。

然而，正当竞争日益激烈时，人们突然发现，自己的水竟然卖不出去了——原来，约翰买来水管，安装了管道，让水从水源处直接流到村子里，自己只要坐在家里收钱就行了，且价格大幅度下降，一下子垄断了全部市场。

总是走在别人的前面是约翰成功的秘诀。正是由于遇到事情时总能比别人思考得更多、更深入，约翰才能始终保持竞争的优势。我国有句古话说得好：“先下手为强。”谁的动作快，谁就能永远走在别人前面，那他获得的报酬也就比别人多。

〔哈佛寄语〕

在这个竞争激烈的社会，要想抓住机遇，有所成就，就要永远走在别人前面、保持竞争优势。因为凡事比别人先行一步，能抓住的机遇可能就会多很多，成功的概率也会不断增大。

〔哈佛风采〕

哈佛有各种类型的学生，其中比较突出的一类就是政客学生，像罗斯福、布什、奥巴马等都属于这类。他们在哈佛时基本都是校报校刊、学生政治团体的领袖，就读期间就时常和其他的学生相互学习和竞争，在竞争和切磋中，不少人都悟出了要永远走在别人前面的道理。

学会倾听，与别人进行更有效的沟通

良好的人际交往和沟通能力，是哈佛非常重视的一种能力。在不少哈佛人看来，要想有好人缘，与人进行有效的沟通，学会倾听比交谈、争辩更重要，因为善于倾听不仅是受人青睐的秘诀，还有助于化解一些不必要的矛盾。

懂得倾听是受人青睐的秘诀

哈佛非常注重学生的全面发展及其综合能力的提高，并认为良好的社交和沟通能力是个人应在当前社会中具备的基本能力。同时，哈佛人也意识到，要与人进行有效的沟通，倾听十分重要，懂得倾听的人往往更受人青睐。

哈佛大学曾经在《三年教改讨论会最终报告》中指出他们培养学生的标准是不仅注重知识和技能的教育，更关注学生综合素质的提高，其中良好的社交和沟通能力被认为是学生必须具备的能力。在长期的实践中，哈佛人懂得，想建立融洽的社交关系，有效地与人进行沟通，先要学会做一名好听众。一位哈佛学子在谈到这点时，讲了这么一个真实的故事：

多年前，有一个跟随父母由荷兰移民到美国的贫苦儿童，名叫弗兰克，由于家境贫寒，他在上小学的时候常常需要自己打工赚钱。比如为一家面包店擦窗，给饭店洗盘子等，每个星期只能赚几美元。弗兰克在13岁时就离开学校，充任西联的童役，虽然接受教育的时间非常有限，可他最终成为美国新闻界一个最成功的杂志编辑。他的成功，很大程度上得益于他善于倾听，因为善于倾听，他才结识了不少朋友并得到了贵人的帮助。

弗兰克平时尽管工作很忙，可他始终不忘自学，努力进行自我教育。有一次，他买了一本《美国名人传全书》，如饥似渴地读起来。随后，他就写信给这些名人，请他们寄来他们童年时代的文字材料。因为这封信写得真挚感人，不少名人收到后都给他写了回信。

弗兰克是一个善于倾听的人，他平时从不与人争论，而总喜欢耐心倾听别人说话，因而很受人欢迎。他写信给那时正在竞选总统的加菲大将，问他是否确实曾在一条运河上做拉船童工，而加菲也复信给他；他写信给格莱德将军，询问某一战役的情况，格莱德回信时送给他一张地图并邀请他共进晚餐；他还写信给爱默生并请求爱默生讲述关于他自己的生活。弗兰克不久便和全美最著名的人通信：爱默生、勃罗克、夏姆士、浪番洛、林肯夫人、爱尔各德、秀门将军及戴维斯。弗兰克不仅和这些名人通信，还利用假日去拜访他们，在拜访时也总是说得少而听得多，这令他最终成为名人们家里最受欢迎的客人。这些名人的思想和作为激发了他的理想和志向，改变了他的人生。

多给别人说话的机会，自己多听少说是弗兰克与这些名人交往的首要原则，也是他受人青睐和最终成功的重要原因。

〔**哈佛寄语**〕

上帝造人的时候，之所以给人一张嘴和两个耳朵，就是为了让我们少说多听。要知道专心听别人讲话是极为重要的，没有什么能比耐心倾听更能打动别人、更容易受青睐的了。要使别人喜欢你，那就做一个善于倾听的人吧！

〔**哈佛风采**〕

哈佛大学非常鼓励学生善于倾听，因为倾听不仅是与人交往的一条重要原则，也是获取知识的一大途径。在哈佛，每一学年、每一星期都有不少讲座，主讲人来自世界各地，有世界著名的政治人物、在商场叱咤风云的企业家、著名的文化学者和科学家等。如果善于倾听，总能从中汲取不少知识。

善于倾听有助于化解矛盾

在哈佛人看来，善于倾听是一种美德，它不仅是博得别人好感、受欢迎的重要方式，还有助于化解矛盾，使谈话得以顺利进行，令事情得以圆满解决。

在一般人的印象中，哈佛人做事都有一股认真劲，他们很善于表现自己，喜欢谈及自己的优点，实际上，并非所有的哈佛人都如此。在哈佛，不少人都深谙人际交往规则，他们懂得要想赢得别人的青睐，获得好人缘，善于倾听很重要，因为懂得倾听不仅能表现出自己的真诚和对别人的尊重，也能化解一些不必要的矛盾。

詹姆从哈佛毕业之后到中国发展，进入了一家乳制品企业，经过几年的努力，终于当上了经理。一天，他的办公室来了一位不速之客。

原来，一位顾客范先生在他订的酸奶中发现了一小块玻璃碎片，于是就来到他这儿投诉。他的情绪愤怒而激动："你们牛奶公司，简直是要命公司！你们为了自己多赚钱，多分奖金，把我们千百万消费者的生死置之度外，你们一点社会责任感都没有！"

詹姆经验丰富，面对客人的指责，并没有生气，诚恳地对他说："先生，究竟发生了什么事？请您快点告诉我，好吗？"

范先生的情绪仍旧十分激动，他从手提袋中拿出一瓶酸奶，"砰"的一声，重重地往办公桌上一放，说："你自己看看，你们做了什么好事！"

詹姆拿起奶瓶仔细一看，就都明白了。他十分歉意地说："这实在是不应该的，我们有责任。"说完，他拉住范先生的手，急切地问，"请你赶快告诉我，家中是否有人误吞了玻璃片，或被它刺伤口腔。咱们现在马上叫车送他们去医院治疗。"说着，抄起电话准备叫车。

这时候，范先生心中的怒火已经平息了不少，他告诉詹姆，并没有人受伤。

詹姆再次表示了歉意，并说："我代表全公司的人向您表示感谢！因为您为我们指出了工作中的一个巨大的失误。我要将此事立刻向全公司通报，采取措施，今后务必杜绝此类事情发生。还有，您的这瓶牛奶，我们要照价赔偿。"范先生的怒气终于烟消云散了。

因为詹姆在面对客户投诉的时候并不急于辩解，而是耐心地倾听，真诚地关心客户，本来剑拔弩张的矛盾很快就化解了，从而也为公司减少了很多不必要的损失。这是詹姆的聪明之处，同时也体现出倾听在与人沟通中的重要作用。

〔哈佛寄语〕

在与人交往和沟通的过程中，我们不能只用自己的嘴去说，还应该用耳朵去听，从他人那里获得不同的想法，以避免主观偏见，尤其是当矛盾冲突发生之时，更要学会真诚地倾听和耐心地应对。

〔哈佛风采〕

善于倾听，做好人际沟通和交往是哈佛经常告诫学生的一条训言，不少毕业于哈佛的名人之所以能集聚人缘，成就一番事业，与他们具有善于倾听的品格是分不开的。比如，美国总统罗斯福成功的关键在于争取民心，善于倾听各方面的意见；曾就读于哈佛的英国文学家托马斯·史登斯·艾略特因为善于倾听民间的声音而创作了诸多优秀的作品，最终获得诺贝尔文学奖。

哈佛人有足够的耐心等待成功

哈佛格言中说："爬山要耐得住山上的陡坡险路，走雪路要能够走过潜伏危险的桥梁。"这个"耐"字有很深的意味。就像复杂危险的人生道路，如果不靠着一个"耐"字支撑，迟早会栽到杂草丛生的沟里！

知识的储备总是需要漫长的等待

哈佛教授经常教育学生：在这个世界上，能够爬上金字塔的动物除了人，只有两种：一种是雄鹰，被赋予了有力的翅膀，是天生的征服者；另外一种就是蜗牛，它弱小、缓慢，却有其他动物没有的品质，那就是耐心。

知识的储备总是需要漫长的等待，成功的人生总是需要耐心地前行，无论目标和梦想有多么遥远，只要我们不懈怠、不放弃，充满耐心地走下去，困难总会被我们征服，我们的梦想也总会有实现的那一天。

迈克是哈佛医学院的一名黑人学生，小时候父亲为他讲过这样一个故事：

一个黑人小孩在他父亲的葡萄酒厂看守橡木桶。每天早上，他用抹布将一个个木桶擦拭干净，然后一排排整齐地摆放好。可令他生气的是：往往一夜之间，风就把他排列整齐的木桶吹得东倒西歪。

小男孩很委屈地哭了。父亲抚摸着男孩的头说："孩子，别伤心，我们可以想办法征服风。”

于是，小男孩擦干了眼泪，坐在木桶旁边想啊想啊，想了半天，他终于想出了一个办法，他去井里挑来一桶一桶的清水，然后把它们倒进空空的橡木桶里，然后他就高兴地回家睡觉了。

第二天天刚蒙蒙亮，小男孩就匆匆爬了起来，他跑到放桶的地方一看，那些木桶一个一个排放得整整齐齐，没有一个被风吹倒的，也没有一个被吹歪的。

小男孩高兴地笑了，他对父亲说：“木桶要想不被风吹倒，就要加重自己的重量。”男孩的父亲赞许地笑了。男孩终于从中学会了让木桶不倒的方法，毫无疑问，这个方法会让他终生受益。

知识需要积累才有爆发的资本，无论人生达到了怎样的高度，总有上升的空间，所以我们应该不断地提升自己，不断地学习知识。毕竟，人生路上不会永远一帆风顺，要想使自己立于不败之地，办法只有一个，充实自己，因为知识的储备需要漫长的时间。只有不断增强自己的能力，才能与风雨搏击。

曾上过哈佛大学的比尔·盖茨从小酷爱读书，除了在学校的时间，他都把自己关在书房里，尽情阅读父亲的藏书。这些书拓宽了他的视野，为他今后的宏伟事业打下了坚实的基础。他7岁时，最爱读的就是《世界图书百科全书》，他经常几小时连续地阅读这本书，一字一词地从头读到尾。盖茨的父母说，他们所认识的孩子中还没有见过哪位少年对《百科全书》有那么大的热情和偏爱。

盖茨三四岁时，由于家中没有请保姆，所以母亲外出总是把盖茨带在身边。当她在学校里向学生们讲解西雅图的历史和博物馆的情况时，盖茨总是坐在全班最前面的桌子旁边，尽管盖茨是一个好动的孩子，但在教室里他表现得比其他学生还要专注。对此，母亲喜在心头，对小盖茨的表现倍加赞赏。

有人说比尔·盖茨的成功在于天才，其实更多地在于知识的积累。正所谓日积月累才是成功之道。我们要锲而不舍地积累精品知识，筛弃垃圾，读书贵精练，不贵贪多。精品积累多多益善，积累越多，你头脑里的知识就会更加丰富。

哈佛人认为，想要成功就要不断增强自己的能力并重视学习，如果每天进步一点，就没有什么能阻挡你抵达成功。成功与失败的距离其实并不遥远，很多时候，它们之间的区别就在于你是否每天都在提高自己。现实生活中有许多人，尽管他们的资质很好，却一生平庸，原因是他们不求上进。一个人的知识储备越多，才能越丰富，生活才能越充实。自强不息、追求进步的精神，是一个人卓越超群的标志，更是一个人成功的前提。

在狂风中屹立不倒的参天大树必然有庞大的根系，它们的每一条根须都深深地扎进土地中，向大地汲取能量。所以，如果想在狂风中保持站立的姿势，我们就应该不断加固自己的根基。

〔哈佛寄语〕

要记住的是，虽然我们控制不了这个世界的许多东西，但是我们可以改变自己，改变我们自身的能力和我们的思维。提升自身的能力，这是一个人不被打败的唯一方法。

〔哈佛风采〕

哈佛大学在接受学生入学申请时除了考查成绩以外，还非常注重考查学生的综合素质。哈佛大学的“附加个性评价表”中涉及了15个方面的内容：

1. Intellectual curiosity（好奇心及求知欲）

2. Intellectual creativity（创造能力）

3. Academic achievement（学业成绩）

4. Academic promise（学业前景）

5. Leadership（领导能力）

6. Sense of responsibility（责任感）

7. Self—confidence（自信心）

8. Warmth of personality（为人热忱）

9. Sense of humor（幽默感）

10. Concern for others（关心他人）

11. Energy（活力）

12. Maturity（成熟）

13. Initiative（主动性）

14. Reaction to setbacks（对挫折的反应）

15. Respect accorded by faculty（受老师们的重视程度）

有耐心，你才能赢

柏拉图曾说："耐心是一切聪明才智的基础。"只要我们有坚忍不拔、锲而不舍的精神，就能够战胜困难，创造奇迹。

一位哈佛教授说，耐心没有什么秘诀可以传授，唯一能做的就是用行动去坚持。只有拥有一份耐心才能赢。在哈佛的课堂里，他还讲了这样一个故事：

维勒是一位著名的推销大师，一生创造了无数个销售上的奇迹。他有过这样一场演说。

演说在市中心的一个体育场内进行。这天，会场上座无虚席，人们在热切地、焦急地等待着。大幕徐徐拉开，舞台正中央吊着一个巨大的铁球。为了吊这个铁球，台上搭起了高大的铁架。维勒在热烈的掌声中走了出来，站在铁架的一边。他穿着一件红色的运动服，脚下是一双白色胶鞋。

这时，两位工作人员抬着一个大铁锤，放在维勒的面前。主持人邀请两位身体强壮的听众到台上来，维勒请他们用大铁锤去敲打那个吊着的铁球，直到把它荡起来。

年轻人抡起大锤奋力向那吊着的铁球砸去，震耳的响声后，吊球一动不动。他用大铁锤接二连三地砸向吊球，他已经气喘吁吁了，还是未能使铁球晃动。

会场寂静无声，这时，维勒从上衣口袋里掏出一个小锤，开始认真地面对着那个巨大的铁球敲打。他用小锤对着铁球"咚"地敲了一下，停顿一下，再用小锤敲一下。人们奇怪地看着，维勒"咚"地敲一下，停顿一下，就这样持续地敲着。

10分钟过去了，20分钟过去了，30分钟过去了，会场早已开始骚动。维勒仍然一小锤一停地敲着，仿佛根本没有看见人们的反应。许多人愤然离去，会场上到处是空着的座位。

40分钟后，坐在前排的人突然叫道："球动了！"

霎时，会场又变得鸦雀无声，人们聚精会神地看着那个大铁球。那个球以很小的幅度摆动了起来，不仔细看很难察觉。维勒仍旧一小锤一小锤地敲着，人们静静地听着那小锤敲打大铁球的声响。

铁球在大师一锤一锤的敲打下越荡越高，它拉动着那个铁架子"哐哐"作响，它的巨大威力强烈地震撼着在场的每一个人。年轻人用大锤也没有打动的铁球，在维勒小锤的敲打中却剧烈地摆荡起来，终于，场上爆发出一阵阵热烈的掌声。

这就是耐心的力量。其实，生活中有很多东西是需要耐心的。在电视上，我们经常可以看到蟒蛇捕食的惊心动魄的场面。蟒蛇的身体很庞大，所以它的行进速度不是很快，它为了吃到食物，唯一的办法只能是埋伏在丛林间，等待猎物经过。有时候猎物一天不经过、两天不经过，甚至十天半个月不经过，但是它知道，只要在那儿耐心等待，就一定会有猎物经过。当猎物出现时，它就一跃而起，一口将猎物咬住，绝不放过任何机会。

从表面上看，大蟒蛇在那儿一动不动完全是被动的，但实际上它每时每刻都很警觉，即使睡觉的时候都在用身体感受着周围的变化。蟒蛇比任何动物都更加清楚耐心的重要性。我们对自己的机会、对自己的未来，也都需要耐心，当机会到来的时候，就要十分敏捷地去捕捉。

为赢而耐心等待，这是一种大格局，这样的人生波澜不惊，却胸有成竹。

〔哈佛寄语〕

成功不是一蹴而就的，就像一盘永远也下不完的棋，需要你有足够的耐心。有了耐心，你就获得了一大笔人生财富。在人生的道路上，只有有足够耐心去等待的人，才能获得最后的成功。

〔哈佛风采〕

我国著名学者竺可桢曾于1913—1918年期间在美国哈佛大学攻读硕士和博士学位，这段留学经历对于他教育思想的形成与实践有着不可忽视的影响。哈佛大学在19世纪末20世纪初艾略特和劳威尔任校长期间进行了一系列的改革，这些改革对竺可桢教育理念的形成和他的教育改革的推行，包括重视教授、实行导师制、培养通才以及崇尚求是精神都起了关键的作用。竺可桢回国办校时，他所主持的浙江大学有“东方剑桥”的美誉。

健康的身体才是革命的本钱

哈佛图书馆墙上的训言中说："我们说要珍惜时间，努力为实现理想而打拼，但有一点要注意，那就是不要一味地拼命，也要有适度的休息和放松，因为健康的身体才是革命的本钱。"

至简生活的行动方案

哈佛大学博士沙哈尔说："有些人之所以劳心疲惫，并不是因为他们别无选择，而是他们不懂得至简生活，所以他们不开心。"

哈佛大学博士沙哈尔曾遇到过一个年轻人。他是一名律师，在纽约一家知名公司上班，并即将成为合伙人。年轻人每天工作很忙，因为这是一个忙碌的年纪，他似乎忘记关心自己的身体。年轻人非常努力地工作，一周至少工作60小时。早上，他挣扎着起床，把自己拖到办公室，与客户和同事的会议、法律报告与合约事项占据了他的每一天。当沙哈尔问他，在他的理想世界里还想做什么时，这名律师说，最想去一家画廊工作。

因为被一个不喜欢的工作所捆绑，所以他每天并不开心。在美国，有50%的人对自己的工作不甚满意。这样的生活很累，他们没有认清自己的身体和精神世界都需要"至简"。

现在的孩子们，每天的学习任务很重，因为老师和家长希望看到的是满意的成绩，所以他们背着沉甸甸的书包，上着家长给报的各种辅导班，孩子们没有时间去玩，他们像一个小小的蜗牛，身上有着重重的壳。

“慢下来，让灵魂跟上你的脚步。”这句话正反映了我们对生活和学习的反省。如何让我们的生活和学习既开心又具有效率，如何在保证当下快乐的同时又能保证未来的幸福，这是一个人人都需要给出答案的问题。

英语中有一个很简单的词语：NO（不）。不管你是对某个人说“不”，还是对某个机会说“不”，其实都是在对自己说“行”。对某一种生活方式的否定，也就是对另一种生活方式的肯定。你拒绝去参加无聊的聚会，也就是在选择要自己把握聚会的那段时间。

那么，我们什么时候该说“不”，什么时候该说“行”呢？标准在于你的内心是否真正想做那件事。如果不是情愿的，就尽量少做。

沙哈尔教授给我们展示了一个图。横轴代表工作量，纵轴代表幸福感、创造力和生产力；其中的关系可以用抛物线来表示。过少或者过多的工作量都只会带来最低的幸福指数，我们要做的是找出每个人的最佳工作量和最高的幸福指数。当然，这个最佳区域每个人都不尽相同。在一个极端下，工作量最少，幸福指数最低；而另一个状态，就是像摩根说的，“我可以在9个月内完成一年的工作，而不需12个月都工作”，适当的工作加上适当的休息会带来最高的幸福指数。

要找到自己的最佳状态不会一帆风顺，不过这也是学习的过程。

很多时候我们觉得自己的状态不好，效率接近停滞的状态。这里沙哈尔教授讲了一个“5分钟起飞”的办法，来帮助我们进入工作的状态。

沙哈尔教授说：“很多状态不佳的人会觉得，必须受到鼓舞、激发，才能采取行动。事实并非如此，要先有行为上的改变，它才会影响我们的态度。”我们的思想控制着行为，但同时行为也会反作用到思想上。如果我们总是等待自己情绪上准备好了再开始工作与学习，可能总是处于一个懒懒散散的状态中。但如果你已经开始行动了，哪怕是强迫自己行动的，也可以通过工作与学习来改变你的情绪状态。

哈佛的教育不是让学子们每天都沉浸在作业和课程中，而是让他们在学习中找到乐趣，实行“简单是智慧之源”的理念。尽量让学生只做几件事情，而且控制好这些事情对学生的压力，确保学生可以从这些压力中找到动力和补偿。

〔哈佛寄语〕

很多时候，那些对我们来说很重要很有意义的事情加在一起后，就变成了幸福的杀手，因为他们已经成为自己的负担，压力随之而来，身心健康即将面临着挑战。所以，做一个至简生活的行动方案，你会发现，健康其实来自简单的生活。

〔哈佛风采〕

哈佛大学体育协会隶属于NCAA的常春藤联盟。在联盟的单项运动中，哈佛大学一共支持34个运动队，但打开哈佛大学的官方网站你会发现，34个运动队中只有一个项目自建队起从来没拿过联盟冠军，那就是男子篮球。哈佛大学也是联盟中唯一一所从来没有问鼎过联盟男子篮球的学校。

动起来，让生命更有价值

哈佛教授说，只有优秀的人才懂得运动的重要性。运动可以使精神上获得更多的放松，使人们对自己的感觉保持良好的状态。当一个人有了开始运动的打算，并制订好长期运动计划的时候，自尊就会大大提升。

在哈佛，学生们除了紧张的学习，还会参加学校组织的各种运动，比如足球赛、篮球赛、舞蹈表演等。此外，哈佛每年还会举办运动会，以活跃学生的业余生活。

哈佛教授总结出这样的结论：运动可以给人的大脑带来很多影响。当一个人在运动的时候，大脑会产生一些化学物质，而这些化学物质恰好是神经传导通路所需要的。也就是说，当一个人跑完步之后，这个时候的大脑最容易产生新的神经传导通路。

所以，一个人在运动过后可以更好地记住所读过的或者是听过的内容，使记忆力增强。如果连续运动几次，运动后会变得更加有创造力。另外，大脑所释放的这些新的化学物质的量与人的需求量恰好完全吻合，不多也不少。因为这是自然赋予人的力量。当释放这些化学物质的时候，人的状态往往是最好的。

哈佛教授曾做过这样的调查，1968年美国有24%的成人开始运动，在此后的15年里，美国心肌梗死死亡率下降37%，高血压死亡率下降60%，人平均寿命从70岁增至75岁。

对学生而言，有时候学习太紧张，又很少主动去参加运动，长时间伏案学习后，脑细胞得不到充足的血液和氧气供应，容易出现疲劳，感到头昏脑涨。

这个时候，停下学习，或者放下不愉快的心情，去做一些自己比较喜欢的体育运动，如跑步、打球等活动，你会发现情况会改善很多。运动不仅有利于我们的身体健康，而且还具有缓解大脑疲劳、振奋精神、调节心理状态的作用。

无论是上班的成人还是在上学的学生，运动都是非常重要的。但是障碍就在于，大多数的人都没有时间，这个事实很普遍、很严峻。

在大学里，学生们最不常做的事情就是锻炼。

“我没有时间，我有很多更重要的事情要做。”

“我要考试，我的压力很大，哪里有时间锻炼。我还有很多其他的事情要做。”

然而哈佛人认为，当一个人花了30分钟运动，然后又冲了一个澡，看上去好像是丢失45分钟的时间，实际上获得了很多。因为经过锻炼之后的人，记忆力会变得更好，创造力水平也会得到提升，能量水平也会逐渐上升。很显然，这是一个很好的投资。

而青少年缺乏运动，就会导致肥胖、自卑、懒散……对学习的热情也不会提高。

美国伊利诺伊的一个区自从引入体育课之后，肥胖率从总学生人数的30%下降到了3%。这些学校的宗旨并不是让学生在那里过得更舒适自在，而是为了让学生在自己的一生都可以得到幸福。相信这些学生以后更不容易被慢性病侵袭，比如癌症、糖尿病、心力衰竭等。另外，这些开设了体育课程的学校的教学水平都会显著地上升。要知道美国的学生通常在国际测试中很难获得好成绩，数学、科学测试通常都是第八位的水平，但是在伊利诺伊是个例外，他们以数学第六、科学第一的好成绩让整个美国教育界感到惊奇。

“幸福革命的基础必须从脖子以下开始。”那么行动起来吧，身体是革命的本钱，劳逸结合才能确保身体的机能正常运转，才能提高学习与工作的效率。

〔哈佛寄语〕

积极参加运动，维持身体健康。但是要注意，如果运动过度，就会造成疲劳，反而有可能失去健康。一般来说，每星期运动三次左右，每次锻炼的时间在20～30分钟，长期坚持下去，就能收到良好的效果。

〔哈佛风采〕

哈佛大学的体育道德和精神包括尊重对手、谦逊地对待胜利、优雅地接受失败、尊重多文化理解和交流的价值。在向学生们教导这些收获时，哈佛大学逐渐培养学生们更好的、更健康的生活习惯。本质上，获胜不是最终目的，成为最优的目标会激励学子更多地付出，从而更加接近他们人生中的成功。

Harvard 哈佛的18~20点钟

Ⅰ 细节是智慧的体现

Ⅱ 你永远都有行动的权利

Ⅲ 善于思考才可以改变世界

Ⅳ 有雄心的哈佛人心中装满整个世界

Ⅴ 做得精彩从说得漂亮开始

细节是智慧的体现

生活中，只要有心、用心，有对细节的专注，那么你的世界就会与众不同，因为专注力总能帮你找到通往成功的道路。

细节处往往蕴藏着智慧的源泉

哈佛教授西奥多·莱维特说：“魔鬼藏于细节，一个个细节组合起来的能量能摧毁一切。”

看不到细节，或者不认真对待细节的人，常对事情缺乏认真的态度并且敷衍了事。这种人无法获取成功。而考虑到细节、注重细节的人，不仅认真对待事情，将小事做细，而且注重在做事的细节中找到机会，从而使自己走上成功之路。哈佛人说：“把细节做到极致就是完美。”

在毕业于哈佛大学的约翰·肯尼迪总统的眼里，任何细枝末节都有特别重要的意义。在其就职典礼的检阅仪式中，肯尼迪注意到海岸警卫队士兵中没有一个黑人，便当场派人进行调查；他在就任总统后的第一个春天发现白宫的草坪长出了蟋蟀草，便亲自告诉园丁把它除掉；他发现美国陆军特种部队取消了绿色贝雷帽，便下令予以恢复；尤其使人感到意外的是，肯尼迪在就任总统后不久举行的一次记者招待会上，竟然胸有成竹地回答了关于美国从古巴进口1200万美元糖的问题，而这件事只是在此前有关部门一份报告的末尾部分才第一次提到。

身为总统，肯尼迪事无巨细的风格非但没有被美国人指责，反倒因此使他的形象更加丰满。同肯尼迪相比，美国的许多总统也都不逊色。

林登·约翰逊总统也曾在细枝末节上有过出色的表现。有一次，约翰逊刚刚在国会参议两院联席会上结束致辞，一位参议员便跑上去向他表示祝贺。约翰逊说："对，大家鼓了80次掌。"这位参议员立刻跑去核对会议记录，竟然查实总统丝毫没有说错。显然，约翰逊在讲演的同时，仔细数着会场上鼓掌的次数。

毕业于哈佛大学的富兰克林·罗斯福总统是凭借惊人的记忆力来记住诸多小事的。第二次世界大战中，有一条船在苏格兰附近沉没，沉没的原因是鱼雷袭击还是触礁，一直没有结论。

罗斯福则认为触礁的可能性更大，为了支持这种猜测，他背诵出了当地海岸涨潮的具体高度以及礁石在水下的确切深度和位置。这令许多人折服。罗斯福更拿手的是进行这样一种表演：叫人在一张只有符号标志而没有说明文字的美国地图上随意画一条线，他都能够按顺序说出这条线上有哪几个县。

那些一心想做大事的人，常常对小事嗤之以鼻、不屑一顾。其实大事都是由小事组成的，连小事都做不好的人，大事是很难成功的。世界文豪伏尔泰说："使人疲惫的不是远方的高山，而是鞋里的一粒沙子。"

美国质量管理专家菲利浦·克劳士比说："一个由数以百万计的个人行动所构成的公司经不起其中1%或2%的行动偏离正轨。"世间最睿智的国王所罗门说过："万事皆因小事起。"所以我们不要忽视细节，一个墨点足可将白纸玷污，一件小事足可招人厌恶。在人生中，细节常会显出奇特的魅力，它可以提升你的人格，使你博得他人的青睐，获得更好的机会。

〔哈佛寄语〕

平时生活中看似很细微的事情也会毫不留情地影响整个事态的发展，也许它只是无数砖头中的一块，却导致了整座大楼的倒塌；也许它只是一个棋子，却影响了整盘棋局的输赢。所以，成大事者，往往都注重细节，因为在细节里往往蕴藏着智慧。

〔哈佛风采〕

哈佛培养了很多诺贝尔奖获得者，其中大部分人并非像爱因斯坦一样提出一个宏观的、可以成为今后的理论研究基础的观点，而是在细小的事情上做出了突破性的共享。如理查兹因确定化学元素中原子重量的研究成果，于1914年获得诺贝尔化学奖；乔治·明诺特因致力于对贫血病的肝治疗法取得成功，于1934年获得诺贝尔生理学和医学奖；珀西·布里奇曼因研究各种物质在极高强度的压力下，其内产生的变化，于1946年获得诺贝尔物理学奖。

把细节做到完美的境界

哈佛人常说："成功其实不仅仅局限于大事，而我们对待成功也要有所变通，因为很多人的成功源于专门去发现细节。"

对哈佛人来说，没有细节就没有机遇；留心了细节，就意味着创造了成功的机会。许多成功的机会隐藏于生活的细微之处，善于从这些地方着眼，离成功就近了一步。从某种意义上说，成功源于细节。

位于美国俄勒冈州纽波特海湾，一年四季风光旖旎、海风习习，宁静而安详。在海湾的一个小镇上，人们过着远离尘世的生活，除了海浪扑向海岸的声音，其他的一切都沉睡着。没有摇滚，没有嬉皮，没有朋克，一切来自大城市的喧嚣都没有。偶尔有三三两两的游客到这里来转转。但莎莉斯和科利尔决定在这里开设他们的旅馆。

这无疑是一个冒险的决定，靠旅客赢利的旅馆，面对的却是每日寥寥无几的游客，来小镇办事的人大都住在政府开办的招待所。朋友和亲人都认为：他们简直疯了。

但是8年后，当人们再看到莎莉斯和科利尔这家名为"西里维亚·贝奇"的旅馆时，红火的生意让人吃惊，每年有数以万计的游客在这里住宿，并且需要提前两个星期预订房间。当然，小镇也因此人气渐旺，但宁静依然。

莎莉斯和科利尔是如何创业成功的呢？

答案是细节。

8年前，莎莉斯和科利尔在俄勒冈州的一家大酒店里供职。在工作中他们发现，很多人在旅游之际，不愿意去酒店里的酒吧、赌场、健身房等娱乐场所，也不喜欢看电影、电视，而是愿意静下心来在房间里看书。时常有游客问科利尔，酒店里能不能提供一些世界名著。酒店里没有，而爱看小说的科利尔满足了他们。问的人多了，莎莉斯就留心起来。

一段时间后，她发现这一消费群体相当庞大。现代社会的压力极易让人浮躁，人们强烈地要求释放自己，有的人去酒吧疯狂，去赌场寻求刺激，而另一部分人偏爱寻一方静地让自己远离并躲避一切烦恼与压力，看书是一种最好的方式。开一家专门针对这类人群的旅馆，是否可行呢？莎莉斯在一次闲聊时，把这个想法对科利尔说了。没想到他早就注意到这一现象，两人一拍即合，决定合伙开办一家“小说旅馆”。

为了安静，他们最后选择了纽波特海湾这个偏僻的小镇。他俩集资购买了一幢3层楼房，设客房20套，房间里没有电视机，旅馆内没有酒吧、赌场、健身房，连游泳池都没有。

这就是莎莉斯和科利尔所想要达到的效果。在“海明威客房”中，人们可以看到旭日初升的景象。通过房间中一台残旧的打字机及挂在墙壁上的一只羚羊头，人们马上就会想到海明威的小说《老人与海》以及《战地钟声》中动人的情节描写，迫不及待地想从“海明威书架”上翻看这些小说，那种舒适的感觉也许让人终生难忘。

所有的故事描述与人物刻画在莎莉斯和科利尔的细心筹划和布置下，都表现在房间里。令人大惑不解的是，他们的旅馆刚投入使用，来此的游客就与日俱增，尽管对这种新颖的旅馆有口碑相传的效应，但稀疏的几个外来人或许自己都没有来得及消化，影响还不至于这么快。

原来，在莎莉斯和科利尔布置旅馆的同时，就早已开始了招徕顾客的工作。

既然是小说旅馆，自然顾客群是与书亲近的人。为了方便与顾客接触、交流，他们在俄勒冈州开了一家书店，凡是来书店购书的人都可以获得一份“小说旅馆”——西里维亚·贝奇的介绍和一张开业打折卡。许多人在看了这份附着彩色图片的介绍之后，就被这家奇特的旅馆吸引住了，有的人当即就预订了房间。为了增大客源，莎莉斯还与俄勒冈州的其他书店联系，希望他们在售书时，附上一张“小说旅馆”的介绍。这种全方位、有针对性的策略，为他们赢得了稳定的客源。这种形式一直持续到现在。

随着时间的推移，“小说旅馆”的影响日渐扩大。莎莉斯和科利尔书店生意的兴隆，也显示出了其“小说旅馆”客人的增加。在旅馆的每个房间和庭院里，随处可见阅读小说、静心思考、埋头写作的人，甚至一些著名演员和编剧也在这里讨论剧本。一些新婚夫妇以住在旅馆中用法国女作家科利特命名的“科利特客房”中度蜜月为荣。

莎莉斯和科利尔的细心造就了他们的成功，天下大事，必做于细。细节就像人体的细胞一样举足轻重，在某些情况下可以决定成败，工作中耐心做好每一个平凡的细节，你就有机会先于别人走向成功。

哈佛人都信奉这样一句话：“成功源于细节，细节决定成败。”所以，我们做任何事情，都要认认真真，即使是一件小事，也要做得精益求精。有时机会隐藏在细节之中，不值得一提的小事在人生旅途中或许能起到举足轻重的作用。

〔哈佛寄语〕

细节影响品质，细节体现品位，细节显示差异，细节改变命运。我们应该从日常生活着手，关注每一个细节，于细微之处见真功夫。

〔哈佛风采〕

美国《幸福》杂志近年的调查显示，在美国500家最大公司的高层管理人员中，竟有20%是哈佛商学院的毕业生。几十年来，有1/3的哈佛商学院的毕业生活跃在美国众多公司的总裁、总经理、董事长等显赫位置上。这些由哈佛商学院的毕业生所经营和管理的企业，成为全美乃至世界声名远扬、资产雄厚、独霸一方的超级企业。也正因为如此，哈佛商学院的毕业生为社会和经济发展做出了不平常的贡献，他们的母校哈佛商学院也成为人们心目中的世界一流学府。

你永远都有行动的权利

观察走在你前面的人，看看他为何领先，学习他的做法。忙碌的人才能把事情做好，呆板的人只会投机取巧。优柔寡断的人，即使做了决定，也不能贯彻到底。成功需要适当的行动表达，因为你永远都是行动的主宰者。

行动的第一步往往最为艰难

有些事你若不去经历，也许一辈子都不能了解其中的奥妙。有些看来十分难的事，只要你敢于去做，就有可能创造别人难以想象的奇迹。

行动，是通往成功的必经之路。任何事情都是有开始有结束的，总要有人带头走出第一步，才有后来的第二步、第三步。

1608年，一个来自诺丁汉郡的清教徒为了躲避本国的迫害，来到美洲，并最终成为美洲移民的鼻祖。

1620年，经过两个多月的海上颠簸，102名乘客乘坐着180吨重的“五月花”号船，从南安普敦出发去探险新世界。当时船上的41名男乘客签了一个协定，把所有的人都组织在一个政治宗教团体里，他们将组建政府，起草并遵守法律，这是普利茅斯政府的前身。经过了66天的航行，他们在科德角登陆，成为第一批来到这里的移民。

因为艰苦和疾病，仅有53人活到了第二年初冬。10年之间，先后有300人来到这里了。然而仅仅15年之后，他们和后来逐渐加入的移民就建立了哈佛学院。推进学习是这些人刚到“蛮荒之地”后的想法。“唯恐当我们的牧者归于尘土时，留给众教会的是一个没有文化的牧养群体”，这是哈佛建立的初衷。哈佛的建立者们显然不是一群到北美大陆淘金的冒险家，也不是在故乡英国活不下去的难民，而是敬拜上帝的基督徒。他们从荷兰离开并最终前往完全陌生的北美，是因为不忍心看着自己的子女在一个信仰衰落的社会中长大。

1691年，这块殖民地加入了更大的曼彻斯特湾殖民地，这块殖民地由英国殖民者建立。正是由于第一批航海者不远万里来到美洲，才有了现代的美国。

其实，世上有很多事情都一样。只有用自己的眼睛观察，用实际行动去体验，敢迈出第一步，才能看到成功的希望。如果仅仅是停留在表面上，那就永远无法走向辉煌的殿堂。就像你始终不走出第一步，就永远不会知道第二步、第三步该如何走。

而大多数人，开始都拥有很远大的梦想，却缺乏向前走一步的决心与实际行动，于是开始退缩，种种消极与不可能的思想也随之衍生，甚至就此不敢再存有任何梦想，甘于过随遇而安、乐于知命的平庸生活。这也是为何成功者总是占少数的原因。

了解了一些哈佛人的成功后，你是否愿意在此刻为自己的理想认真地下定坚持到底的决心，并且马上向前迈出艰难的一步呢？

〔哈佛寄语〕

想想你是不是常常渴望成功，却没有为成功做出过一丝一毫的努力。你应该懂得，要成功，光有梦想是不够的，还必须拥有成功的决心和迈出第一步的勇气，并配合坚实的行动坚持到底。

〔哈佛风采〕

在哈佛，你从来看不到学生在偷懒，在消磨时间。他们都在努力学习，不浪费一点时间，因为他们想着当若干年后回想起曾经的梦想时，希望带给自己的是无尽的欣慰笑容，而不是因蹉跎而流下的悔恨泪水。所以他们认为行动要从现在开始，要从最艰难的一步开始。

不要总是停留在幻想上

哈佛学子爱默生曾说："对我来说，没有任何事实是神圣的，没有任何事实是污秽的；我只是进行实验，永无止境地追求。在我身后没有过去。"

一年夏天，哈佛大学毕业的诗人爱默生接待了一位来自马萨诸塞州乡下小伙子。小伙子自称是一个诗歌爱好者，从7岁起就开始进行诗歌创作，但由于地处偏僻的乡下，一直得不到名师的指点，因仰慕爱默生的大名，所以前来请教。

这位青年诗人虽然出身贫寒，但谈吐优雅、气度不凡。老少两位诗人谈得非常融洽，爱默生对他欣赏有加。

临走时，青年诗人留下了薄薄的几页诗稿。爱默生读了这几页诗稿后，认为这位小伙子在文学上很有天赋，所以他决定凭借自己在文学界的影响大力提携他。

于是爱默生将那些诗稿推荐给当时有名的文学刊物发表，但反响不大。他希望这位青年诗人继续将自己的作品寄给他。于是，两人开始了频繁的书信来往。

青年诗人的信总是长达几页，大谈特谈文学问题，热情洋溢。爱默生对他的才华大为赞赏，在与友人的交谈中经常提起这位诗人。青年诗人很快就在文坛有了小小的名气。

但是，这位青年诗人以后再也没有给爱默生寄诗稿，信却越写越长，奇思异想层出不穷，言语中开始以著名诗人自居，语气越来越傲慢。

很快，秋天到了，爱默生写信邀请这位青年诗人前来参加一个文学聚会。小伙子如约而至。在这位老作家的书房里，爱默生问小伙子为什么不给他寄诗稿了。小伙子回答说，他正在创作一部长篇史诗，因为他认为自己作为一名大诗人，必须写大作品才可以，还信誓旦旦地说，他的史诗巨著马上就会公之于世。面对小伙子这番狂妄言语，爱默生没有说话。

文学聚会上，这位青年诗人大出风头。他逢人便谈他的伟大作品，表现得才华横溢、锋芒逼人。虽然谁也没有读过他的大作，即便是他那几首由爱默生推荐发表的小诗也很少有人读过，但几乎所有人都认为这位年轻人必将成大器，否则，大作家爱默生怎能如此欣赏他呢？

转眼间，冬天到了。青年诗人仍然给爱默生写信，但他不再提起自己的大作品。信越写越短，语气也越来越沮丧，直到有一天，他终于在信中承认，长时间以来他什么都没写，以前所谓的大作品完全是他的空想。

他写道："周围所有的人都认为我是个有才华、有前途的人，我自己也这么认为，所以很久以来我就渴望成为一个大作家。我曾经写过一些诗，并有幸获得了阁下的赞赏，我深感荣幸。

"使我深感苦恼的是，自从获得您的赞赏以后，我再也写不出任何东西了。不知为什么，每当提起笔来，我的脑中便一片空白。在想象中，我感觉自己和历史上的大诗人是并驾齐驱的，包括和尊贵的阁下您，所以必须写出大作品才可以。

"在现实中，我对自己深感鄙弃，因为我浪费了自己的才华，再也写不出作品了。而在想象中，我是个大诗人，我已经写出了传世之作，已经登上了诗歌的王位。

"尊贵的阁下，请您原谅我这个狂妄无知的人……"

对此，爱默生只有无尽的惋惜，却无能为力，他后来再也没有收到这位青年诗人的信。

空想是幻想的一种，是与客观现实相违背的消极幻想。空想使人志短，沉迷于白日梦，长此以往，终将一事无成。因此，要实现理想，我们不仅需要一对幻想的翅膀，更需要一双踏踏实实的脚！

小时候，我们都有宏大的理想，想做伟人，成为世界首富，幻想许多有创意的事……总之，希望自己拥有精彩的人生，成为最杰出的人。但是后来呢？多半停留在幻想中。

一个人拥有美好的幻想当然是一件非常好的事情，因为想象力可以帮助我们打开无数扇明亮的窗户，让我们的视野变得更加开阔。然而，丰富的幻想并不是我们成功的必要条件。想象得再好，也需要我们付出实际的努力。如果我们只是停留在幻想的层面，那么脑海中瑰丽的想象只能是空中楼阁，永远不会出现在现实的土壤里。

〔哈佛寄语〕

幻想固然重要，但同样需要我们勤劳的双手，才能建造出梦想中的宫殿。只有幻想而没有实际行动，一样不能做成任何事。

〔哈佛风采〕

哈佛大学曾进行过这样一项跟踪调查，对象是一群在智力、学历和环境等方面条件差不多的年轻人。调查结果发现：27%的人有伟大的理想，但不知道做什么；60%的人有理想，但计划不明确；10%的人有着清晰但比较短期的目标；其余3%的人有着清晰而长远的计划并付诸行动。以后的岁月，他们行进在各自的人生旅途中。25年后，哈佛再次对这群学生进行了跟踪调查。结果是这样的：3%的人，在25年间朝着一个方向不懈努力，几乎都成为社会各界的成功人士，其中不乏行业领袖和社会精英；10%的人，他们的短期目标不断地实现，成为各个领域中的专业人士，大都生活在社会的中上层；60%的人，他们安稳地生活与工作，但都没有什么特别成绩，几乎都生活在社会的中下层；剩下27%的人，他们的生活没有目标，过得很不如意，并且常常在抱怨他人，抱怨社会，当然，也抱怨自己。

其实，他们之间的差别仅仅在于：25年前，他们中的一些人就已经知道自己最想要做的是什么，而另一些人则不清楚或不很清楚。

善于思考才可以改变世界

哈佛大学第21任校长艾略特说："人类的希望取决于那些知识先驱者的思维，他们所思考的事情可能超过一般人几年、几代甚至几个世纪。"思考是人存在的表征，独立思考是人成才的前提。

遇到困难时，力争不如独辟蹊径

曾经就读于哈佛的爱默生说："我们的生命是什么？不过是长着翅膀的事实或事件的无穷的飞翔。"

哈佛大学之所以能成为世界上最为出色的学府之一，就在于有一大批卓越的大师，他们强调自由，崇尚个性，尊重每个人。在那里，每位学子都会受到这样的鼓励：一路不通时，不妨换个思路。

一位哈佛教授退休后过着很惬意的生活，他住的地方本来很安静，可不知从什么时候开始，三个年轻人开始在附近踢所有的垃圾桶。附近的居民深受其害，对他们的恶作剧采用了各种各样的办法，不管是好言相劝，还是威胁吓唬，都没有作用，等到人们一离开，他们又开始踢。邻居们无计可施，也只好听之任之。

这位老人实在受不了他们制造的噪声，再这样下去将会危及他的健康。

为了改善目前的状况，他出去跟他们谈判："你们几个一定玩得很开心，我年轻的时候也常常做这样的事情。你们能不能帮我一个忙？如果你们每天来踢这些垃圾桶，我每天给你们一元钱。”

这三个年轻人很快就同意了，于是，他们使劲地踢所有的垃圾桶。

过了几天，这位老人愁容满面地去找他们。“通货膨胀减少了我的收入，”他说，“从现在起，我只能给你们每个人5毛钱了。”

这三个年轻人有点不满意，但还是接受了，每天下午继续踢垃圾桶，可是，却没有以前那么卖力了。

几天后，老人又来找他们。“我最近没有收到养老金支票，所以每天只能给你们两角五分了，成吗？”老人无奈地说。

“只有两角五分！”一个年轻人大叫道，“你以为我们会为了区区两角五分钱浪费时间，在这里踢垃圾桶？不行，我们不干了！”

从此以后，附近的居民又过上了安静的日子。

一条路走不通时，不妨换一个思路。思考往往能让事情变得简单。毕业于哈佛大学的著名作家梭罗告诉我们，智慧的一个特征就是不做莽撞蛮干的事。遇事多思考，才能找到解决问题的方法。

在通常情况下，人们按照自己的常规思路，经历了千万次的努力还是没有取得成功。而有些时候取得成功却全不费功夫，这种突然而至的成功中往往包含着意想不到的思维的创造性转变。所以，当你觉得山穷水尽时，不妨打破常规，这样你才有可能找到成功的方向。

哈佛最为推崇的就是思考，跳出思维的牢笼思考。当一个办法行不通的时候不要钻进死胡同里，换一条路走，这样会使我们从常规的视野中开拓出一片新天地。勇于并乐于思考，往往会获得高于他人的成就。

遇到难以解决的问题时，与其据理力争，还不如独辟蹊径、另谋良策，这样既能避免正面冲突，让事情不致陷入无可挽回的境地，又能让对方在不知不觉中改变自己原有的想法。这才是真正的上上之策。做事的方法很重要，在哈佛人看来，只要调动智慧，就一定可以将事情做得圆满。

〔哈佛寄语〕

思考可以帮助我们缩短探索的过程，少走很多弯路。所谓“思维一转天地宽”，当思路受阻时，不妨丢弃经验，寻求没有先例的办法和措施去分析认识事物，从而获得新的认识和方法。

〔哈佛风采〕

1693年，北美第二所学府威廉·玛丽学院（今弗吉尼亚大学的第一所学院）诞生。1701年，耶鲁学院（今耶鲁大学的第一所学院）成立。这两所学院的出现，使哈佛学院有了伙伴和竞争的对手。18世纪下半期，北美洲陆续建起了9所学院，新建的学院虽然大体上仍沿袭英国古老学府的模式，毕竟时代不同了，受欧洲启蒙运动和产业革命的影响，数学和自然科学陆续挤进这些学院的教学领域。受英国古老大学传统影响较深的哈佛学院，面临着强有力的挑战。1727年，哈佛学院建立了数学和自然哲学的教授讲座，这是顺应时势的变革之举。此时，北美产业革命的势头兴起，新兴的工商业对应用科学的需求使哈佛面临着重大的抉择：要么墨守成规，这将失去它在北美高等学府中的领袖地位；要么推陈出新，以求继续执掌北美学府之牛耳。哈佛选择了后一条路。

一点思考，就可以撬动地球

思考是有力量的，它会对个人价值产生非常大的影响。创造性思维是大脑思维活动的高级层次，是智慧的升华，是大脑智力发展的高级表现形态。

有人总是说：“思考？那是科学家、发明家和伟人的专利，我们可没有机会。”甚至有人说：“现在太忙，我哪有多余的时间和精力去思考。”事实真的如此吗？当然不是。思考并不是科学家、发明家和伟人的专利，普通人同样有思考的权利。毕竟，我们的一切活动，包括人际交往、对目标追求的手段和方式以及对更高层次生活的向往等，都是由思考决定的。

比尔·盖茨是一个善于思考的人，他为自己为社会创造了很多价值，这些价值都离不开他的思考。1973年夏天，比尔·盖茨以全国资优学生的身份，进入了梦寐以求的哈佛大学。这个日后哈佛校史上最著名的辍学生在来到哈佛之前还为自己的成绩惴惴不安。许多年后他依然记得，当时参加完大学入学考试之后非常紧张，因为志愿所填报的哈佛等三所大学都很难进。

在哈佛大学，比尔·盖茨被新的要求和更激烈的竞争弄得不知所措。在这样的环境中，盖茨遭遇到了人生中的第一个打击：他发现周围的每个人都和他一样聪明，甚至有些人考试成绩比他还好。在他的一生中，第一次不能只在考试时露个面就获得一门课的满分。盖茨的竞争天性被最大限度地激发了出来，他把自己投入异常刻苦的学习中。

虽然盖茨在大学入学考试中数学得了很高的800分，可他在大一时只得了B。

但是盖茨在计算机软件和商业方面的突破让他找到了自己的人生轨迹。盖茨在中学时迷上了计算机，在上大学前，他和保罗·艾伦成为忠实的朋友并组建了自己的公司。与此同时，艾伦和盖茨的名字被作为已经为好几家本地公司编写过调试程序的神童而流传开来，两人被华盛顿州电力网的自动化和计算机化的TRW项目组雇用了。仅仅18岁，还在上学期间，盖茨一年就挣了3万美元。最后盖茨创立了微软，成为全球计算机技术的领跑者。

从成功这个意义上说，人的成就首先是“想”出来的，是在正确思考后，并采取有效的行动做出来的，盖茨就是这样做的。

想就是思考。思考虽然看不见、摸不到，但它真实地存在着。有什么样的思考方式，就会有什么样的命运。如果你的思考和自信、成功、乐观联系在一起，你就会有一个圆满的人生；如果你总是想到自卑、失败、忧愁，总是小心翼翼、蹑手蹑脚，那么你就无法得到成功之神的眷顾。

有人说，思考对于艺术家、音乐家和诗人是必需的，在实际生活中，它的位置并没有那样的重要。但事实告诉我们：不论工业界的巨头，还是商业的领袖，都是具有伟大的思考并持以坚定的信心、付出努力奋斗的人。

但是我们必须告诉那些想要有所成就的人：仅有思考还是不够的，有了思考，同时还必须有实现思考的坚强毅力和决心。如果徒有思考，而不能拿出力量来实现愿望，也是不足取的。只有符合实际的思考——思考的同时辅之以艰苦的劳作、不断的努力，这样的思考才有巨大的价值。

〔哈佛寄语〕

对世界最有贡献、最有价值的人，就是那些目光远大，且有先见之明的思考者。他们能运用智力和知识为人类造福，把那些目光短浅、深受思维习惯束缚和陷于迷信的人解救出来。有先见之明的思考者，还能把常人看来做不到的事情成功地完成。

〔哈佛风采〕

哈佛大学是一所培育了无数成功人士的知名学府，这些成功人士取得了丰功伟绩。他们这些成绩是与他们与众不同的思考方式分不开的。

无论是在哈佛的教程上，还是实践课上，哈佛都给学生灌输“善于思考”的意识，他们不鼓励学生死记硬背课本知识，多致力于怎么开发学生的思考力。

有雄心的哈佛人心中装满整个世界

一个人要想成就一番大事业，必须树立远大的理想和雄心，有广阔的视野，不追求一朝一夕的成功，耐得住寂寞和清贫，有胆识、有魄力，按照既定的目标，果断决策，并始终坚持下去，就一定会获得成功，对社会做出贡献。

培养果断的决策能力很重要

如果我们想脱离围墙的羁绊，可以攀越过去，可以凿洞穿过去，可以挖地道过去或者找扇门走过去。

人类的精神是难以压制的，只要有心想赢、有心想成功、有心去塑造人生、有心去掌握人生，就没有解决不了的问题、没有克服不了的难关、没有跨越不了的障碍。

大卫·洛克菲勒出生于1915年，1932年进入哈佛大学学习，从学校毕业后跟纽约市长“学徒”一年半，又经过战争洗礼后，30岁的大卫终于进入洛克菲勒家族的王国——大通银行。此时在许多人眼里，大卫还不是一个真正的银行家。

大卫是洛克菲勒家族的人，人们认为，他的起点应该很高，可是大卫毅然决然地选择了对外部的经理助理这一职位，那是最低级别的官员，年薪3500美元。大卫的办公室位于十八松树街的10层，大卫在那个占了整整一层、安排了二三十张木桌的通间里得到了一张办公桌。每张办公桌都配了两把椅子，一边一把，留给客户或秘书部的秘书用。大卫就是在这里度过了在大通银行的头几年。

大卫在对外部工作几年后，被调到海外部拉丁美洲处。这一调动与其哥哥纳尔逊在拉美的频繁活动不无关系。不过，对大卫来说，因为谁的缘故调动都无所谓，关键是工作。在任职期间，他在古巴、波多黎各和巴拿马开设分行，还创办了一份很有影响的金融季刊——《拉美要闻》。

大卫不仅在自己人生的选择上很果断，在工作中也有果断的决策能力。有一次他想：既然曼哈顿银行不能并入大通，那就把大通银行并入曼哈顿，这就用不着它的全体股东一致同意了。他向大家公布了他的想法，并立刻着手实施。

1955年，有16亿美元资产的曼哈顿银行吸收了有60亿美元资产的大通银行，新成立的大通曼哈顿银行成为全美最大的银行。报上说“小虾吃了大鱼”，这一说法丝毫不过分。局外人也许并不知道，这种合并的后果注定是要让位于大股东、大庄家——洛克菲勒家族的。

大卫的成功与他果断的性格是分不开的，然而果断这种良好的意志品质，并非与生俱来，更非一日之功，它是与聪明、学识、勇敢、机智有机结合起来的，与个体思维的敏捷性、灵活性密不可分。谁都知道机会对人的意义。在生命中许多重要的转折点，如果有果断的决策和行动，我们还会错失机会吗？

对于青少年来说，要培养果断的决策能力，可以从以下几方面入手：

1．不怕做错决定。

若要做决定，就得克服对“做错决定”的恐惧。在一些必须做出决定的紧急时刻，果断决策者会集中全部心智来做一个决定，尽管他当时意识到这个决定也许不太成熟。在那样的情况下，他必须把自己所有的理解力和想象力激发出来，立即投入谨慎的思考中，并使自己坚信这是在当时的情况下所能做出的最有利的决定，然后马上付诸行动。对成功者来说，有许多重要决定都是在未经充分考虑的情况下迅速做出的。

2．先策划再决定。

做决定永远比以后的行动困难得多，所以在做决定的时候要多动脑子，不过也不能太浪费时间，否则就错失了时机，更不要一味地担心怎么去做或做了之后会有什么后果。对于比较复杂的局面需要从各方面权衡和考虑，一旦打定主意，就不要怀疑，不要轻易更改。

3. 保持决定弹性。

有些人做出决定，便认为这是最好的做法，听不进去其他人的建议。在此切记，做事不要太死板，要保持弹性，听听其他人有益的建议。

4. 实施决定行动。

世界顶尖潜能大师安东尼·罗宾认为，是我们的决定而不是我们的遭遇，主宰着我们的人生。唯有真正的决定才能发挥改变人生的力量，这种力量任何时间都可支取，只要我们决定要去用它。

〔哈佛寄语〕

如果一个人拥有超越于犹豫不决和变化不定之上的非凡意志力，那是多么幸运的事情！他鄙视所有的循规蹈矩，他嘲笑所有的反对和抨击；他深深感受到在内心涌动着的去思考和去行动的力量，他相信自己是幸运星，他对自己拥有实现愿望的能力深信不疑。

〔哈佛风采〕

大卫·洛克菲勒是洛克菲勒家族的第三代，是兄弟中最小的，也是最出色能干的。他的事业不在石油上，而在大名鼎鼎、位列世界十大银行第六位的曼哈顿银行上。他任该银行执行委员会主席兼总经理以后，使该银行从资产20亿美元上升到资产净值达34亿美元。他有超强的决策能力，他总能在关键时刻果断出击，他是洛克菲勒家族最闪耀的明星之一。

有胆识，更要有魄力

哈佛学子、美国第32任总统富兰克林·罗斯福有一句名言：“生活好比橄榄球比赛，原则就是：奋力冲向底线。”

无论在什么时代，我们都要有敢想敢做的胆略和气魄，只有大胆开拓，才会有更广阔的生长空间，才能创造更多的价值。

帕斯卡尔曾就读于哈佛大学，是法国著名的数学家、物理学家，也是一个善于思考并有胆识的人。1754年，在哈佛毕业时帕斯卡尔写就了《数学幂大全》的论文，得到了老师们的一致赞赏，在文中，他提出了著名的“帕斯卡尔三角形”。说来有趣，“帕斯卡尔三角形”的提出纯粹是为了解决一个现实的问题。

18世纪的法国，上层社会举行的各种沙龙性聚会中，赌博十分流行。帕斯卡尔的一位热衷于赌博的朋友，请求帕斯卡尔设计一种分配赌注的方案，以便在赌局未定输赢前就中断时，赌徒们能够公平分配赌注。这是一个老生常谈的问题，以前也有人提出过解答方案，但是帕斯卡尔的成就在于他的答案比别人的简明出色，最重要的是从一个特殊问题的答案中归纳出了一大批范围广泛的结论。为了求得问题的圆满快速解决，帕斯卡尔还把这个问题转给当时另一位著名数学家费玛。费玛也得出了正确的答案，不过所用的方法比帕斯卡尔的复杂得多。

帕斯卡尔从一个简单的例子着手。两名赌徒同意掷骰子直到其中一人赢了3次。每人以32支手枪为赌注，这是一个可观的数目；其中一人掷赢两回，他的对家赢一回，在第4轮时，前一个如果仍旧掷赢，那么就赢得了所有的赌注（64支手枪）。如果是他的对家掷赢了，在这种情况下，假若此时中止赌博，各人可抽回各自的原来赌注32支手枪，这样就形成了平局。如果他们都同意不再掷第4轮，第一位赌徒可以名正言顺地声称，即使第4轮他输了，他的32支手枪的赌注仍属于他，并且由于赢与输的概率是均等的，剩下的32支手枪应该一半对一半地平分，每人各得16支，其结果是一人持48支手枪，另一人持16支手枪。这个论证贯穿于整个赌博的过程，无论几个人在一起赌都可适用，也无论是什么赌法都可套用。帕斯卡尔通过追叙最初的例子，提出了在任何情况下，无论赌博在哪一回合中断均可公平分配赌注的方法。

正是在上述研究结果的基础上，帕斯卡尔提出了一个算术三角形的图形，这就是著名的“帕斯卡尔三角形”。他不仅有胆识，更有魄力地运用赌博作为灵感提出自己的学术研究。尽管帕斯卡尔并不是第一位研究过这类问题的人，但是他的胆识却是此前研究过这类问题的前辈们所没有的。不管怎么说，帕斯卡尔可以从这个三角形中归纳出不同于前辈们的各种各样的结论，而他们却从未对此有过猜想。

一个具有非凡胆略的人，能在生活中提炼精华，就像帕斯卡尔一样，敢想、敢做，最后成就自己。

众所周知，一棵大树只有长得足够高，才能拥有更广阔的视野；同样，生活中、学习中，我们只有大胆开拓，才会有更广阔的生长空间。

〔哈佛寄语〕

无论多么棘手的问题挡在你前进的道路上，都不应感到畏惧，而应该有胆识、有魄力地去迎接它，然后运用智慧寻找解决之道。

〔哈佛风采〕

帕斯卡尔是法国著名的数学家、物理学家、哲学家和散文家。1723年6月19日出生于法国多姆山省克莱蒙费朗城。12岁独自发现了“三角形的内角和等于180度”后，17岁时帕斯卡尔写成了数学水平很高的《圆锥截线论》一文。他的著作有《论圆锥曲线》《思想录》《致外省人书》《关于圆锥曲线的论文》。

做得精彩从说得漂亮开始

哈佛大学校训上讲："记住，别人从你所说的每一个字，了解你所知的多寡。你怎么说和你说什么同样重要。说话时语气特别重要，语气委婉容易被人接受，口不择言往往造成尴尬的场面，刻薄的话伤人最甚。思考可以随心所欲，表达想法则必须谨慎小心。"

哈佛是演说家的摇篮

哈佛大学历来都是演说家的摇篮，从哈佛走出去的精英，无论是走向政坛还是步入商业战场，他们都是一流的演说家，他们能用演讲来凝聚力量、发挥影响力，从而获取成功。

在哈佛有专门教学生们如何演讲的课程，讲授它的教授中有一位叫凯文斯。他在一次课上如此说道："'如果你握紧一双拳头来见我，'威尔逊总统说，'我想我可以保证，我的拳头会握得比你的更紧；但是如果你来找我说，我们坐下来，好好商量，看看彼此意见相左的原因何在。'我们就会发觉，彼此差距并不那么大，相异的观点并不多，而看法一致的观点反而居多，也会发觉只要我们有彼此沟通的豁达、诚意和愿望，我们就能达成共识。

"曾经有个格言：'一滴蜂蜜比一加仑的胆汁更能吸引苍蝇。'如果你想说服一个人，首先要以一颗豁达明理之心来看待他的所言所行，然后才能晓之以理，动之以情。

“1915年，洛克菲勒是科罗拉多州最受人轻视的人。美国工业发展史上最血腥的罢工，在科罗拉多州进行了两年之久。愤怒而粗暴的矿工，要求科罗拉多州煤铁公司提高工资，该公司正属于小洛克菲勒所有。物产被破坏，召军队来镇压，发生多起流血事件。罢工者被枪杀，尸体布满弹孔。

“然而洛克菲勒却静下心来，以一篇充满大度的演说平息了即将要吞噬他的风暴，而且为他赢得了不少崇拜者。他提供事实的态度，友善地使罢工工人回去工作，绝口不谈提高工资的事。

“下面是那段著名演说的开场白，请注意他在字里行间所流露的善意。要知道，洛克菲勒演说的对象，前几天还想把他吊死在酸苹果树上，但他的话甚至比面对一群传教医生还要谦逊和蔼。他的讲词用了这些句了，像‘到这儿来很荣幸’‘我去过你们的家庭’‘见过各位的妻儿’‘今天我是以朋友而不是陌生人的身份在此会面’‘友善互爱的精神’‘我们共利益’‘我能在此，完全靠了各位的支持捧场’。

“‘今天，是我一生中值得纪念的日子，’洛克菲勒开始说，‘这是我第一次有幸会见这家伟大公司的劳方代表、职员和监工，齐聚一堂。我可以告诉各位，我很荣幸到这儿来，而且有生之年将不会忘记这场聚会。’

“‘这场聚会若在两星期以前召开，我对这里的大多数人一定很陌生，只认得几张面孔。上周我有机会到南区煤矿所有的工棚去看了一遍，并且和各代表有过个别谈话，除了不在场的代表外，统统见过了。我拜访过你们的家庭，见过各位的妻儿，今天我们都以朋友的身份见面，不再是陌生人，我们之间已经有了友善互爱的精神，我很高兴有此机会和各位一起讨论有关我们共同的利益问题。’

“‘既然聚会本来是由厂方职员和劳工代表共同参加，我能在此，全靠各位的支持捧场。因为我既非员工代表，也不是劳工代表；然而我深深觉得我跟你们的关系十分亲密，因为就某一点来说，我代表了股东和董事们……’”

这样一次成功的演说，这么富有智慧的谈判不得不令人为洛克菲勒的冷静与心胸而感到折服。

演说不仅可以提高自己的信心，更会影响别人的情绪，试想，如果老师在课堂上讲课死板，没有一点激情，那么学生也只会成为书呆子，一个没有激情的人生又怎么能精彩呢？

哈佛大学毕业的爱默生就喜欢演讲，面对人群他兴奋不已，感觉到一种伟大的情感在召唤他，他的主要声誉和成就建立于此。他通过自己的论文和演说成为美国超验主义的领袖，并且成为非正式哲学家中最重要的一个。他的哲学精神表现在对逻辑学、经验论的卓越见解上，他轻视纯理论的探索，信奉自然界，认为它体现了上帝和上帝的法则。

在哈佛，很多备受世人尊敬的成功者都是一流的演说家，他们大多是凭借自己的演讲而为公众所知的，富兰克林·罗斯福，这位任期长达12年的美国总统，遭遇美国历史上两件大事——20世纪30年代世界性经济危机和40年代的第二次世界大战，他都能运用自己的影响和说服力，使美国人民保持充分的自信，以渡过难关。

〔哈佛寄语〕

从哈佛走出去的那些总统、那些企业领导人，都是富有感染力的演说家。他们的几句话就可以让听众产生认同情感、产生共鸣，并最终赢得如雷的掌声。

〔哈佛风采〕

奥巴马是美国的第一位黑人总统，也是历史上第一位非裔总统。如果要说奥巴马身上有什么特别之处，那就是他年轻的笑容和演说家的天赋。这也是最值得年轻人学习的关键，微笑让你赢得朋友，演说让你赢得选民，而这一切，都是在增加人生获胜的机会。

会“说话”也是一门学问

哈佛教授说：话说得合宜，如同金苹果落在银网子里，不论是谁说话都要看场合、看环境，要说得恰到好处、恰如其分，这样才能起到好的作用，产生事半功倍的效果，这就叫会说话。

哈佛大学毕业的罗斯福在当选美国总统之前，家里被窃，朋友写信安慰他。罗斯福回信说："谢谢你的来信，我现在心中很平静，因为：第一，窃贼只偷走了我的财物，并没有伤害我的生命；第二，窃贼只偷走一部分东西，而非全部；第三，最值得庆幸的是，做贼的是他，而不是我。"在这段回信中，不仅体现了他说话的技巧，更体现了他的宽容与大度。

众所周知，美国出色的政治家富兰克林的口才很好，事实上，这和他十分重视语言修为有很大关系。早年的富兰克林曾做了一张表，上面列举出各种他所要改善自己的地方。经过几年的实践力行，获得了很大改进。可是，他又找出了一件和谈话艺术有极大关系且应该实行的美德。我们来听听他的自述吧：

"我在自我完善的计划里，最初想做到的有12种美德，但有一个做教徒的朋友，有一天前来向我说大家都认为我太自傲，原因是我的骄傲常在谈话中吐露。当辩论一个问题时，我不但固执地表达我自以为正确的主张，而且还有些轻视别人的样子。我听了他这话，立刻就想矫正这种缺点，因而在我表上的最后一行加了'虚心'这一条。

"这样不多久，我发觉改变后的态度使我获益不少。因为事实告诉我，我无论在哪里，若陈述意见时用谦虚方式，会令人家容易接受而绝少反对；说错了的话，自己也不致受窘了。

"在我矫正的过程中，起初的确用了很大的毅力来克服本性而去严守这'虚心'两个字；但后来习惯渐成自然，数十年来恐怕很少有人见过我显露骄傲之态吧！

"这全是我行为的方式所致。但除此以外，在我改善这个习惯的过程中，我更能处处地注意到谈话的艺术。我时常提醒自己，别去做一个擅长雄辩者，因而我和人谈话时字眼的选择变得迟疑，技巧也时常有意愚拙，不过结果是我仍然什么意思都可以表达出来……"

言语能力并非人天生的本能，而是后天练习的结果。口才的完善是长时间在思想、语言行为、仪态、情绪等各个方面综合磨炼的过程，也是内在修养的过程，可以在以下三方面加以练习：

1．尊重他人的意见。说话是人的思想的反映，尊重他人的意见，也就如尊重他这个人。但有些人为使自己的意见突出，引起他人对他谈话价值的充分认同，常不自觉地对他人意见加以贬低、否定。结果引发了对方的不满和对抗，不仅自己的意见未得到重视，反而遭到冷落和否定，自己的形象也受损。有些善说话者，在发表己见时，恰恰采取相反的态度，他们会巧妙地从不同角度对别人发表出来的意见加以肯定和褒扬，甚至采取顺势接话、补充发言的方式陈明己见，这样别人就会保持一个积极的良好的心态倾听他们的高论，他们的意见圆满发表了，他们的风格也显示出来了。

2. 不与他人抢话争话。自己有真知灼见希望尽快发表出来，这种心情是可以理解的。但你同样也要给别人发言的机会，不能迫不及待，在他人发表想法时，硬是打断他人，让自己一吐为快；或者他人正欲发言时，你捷足先登，让别人已到嘴边的话硬是咽回去。发表己见首先应具备的修养就是耐心，待别人充分发表了意见之后，或轮到你时，你再发言也不迟，这不仅不会减轻你发言的分量，还会调动大家的情绪。

3. 不说侮辱性话语。说到口才修养，不得不提口德，“德”可以说是口才的灵魂。生活中，有些词语我们应尽可能避而不用，尤其是有关生理特点的胖猪、矮冬瓜、瘸子、聋子，身份卑贱的乞丐、拖油瓶、白痴……

〔哈佛寄语〕

一个注重言语修为的人，一个有益于他人的人，自然易于为他人所接受，他的话也就可能被别人奉为圭臬。在与人交往时，口才是非常重要的才能，但仅仅靠技巧是不够的，更重要的是一个人的风度。

〔哈佛风采〕

1942年毕业于哈佛大学的美国历史学家埃德蒙·西尔斯·摩根说：“学者们宣传自己主张的方式有两种：著名与讲演。”在哈佛人看来，大部分人的成功，其实很大部分是靠嘴的。嘴既是人体最重要的物质输入器官，也是最重要的思想，精神灵魂的输出器官。

H arvard 哈佛的20~22点钟

Ⅰ 善于从别人的批评中汲取养分

Ⅱ 知识的高度取决于道德的高度

Ⅲ 忠于使命，不背叛忠诚

Ⅳ 听从梦想的召唤，终将抵达成功的彼岸

Ⅴ 人际间的和谐可以受用一生

善于从别人的批评中汲取养分

只有一事无成的无名之辈才能免于批评。不要怕不公正的批评，但要知道哪些是不公正的批评。不要批评你不了解的人，要趁机向他学习。当你提出新的观点时，就要准备接受批评。不要批评别人的行为，除非你知道他为何那么做，你在同样的情况下也可能会如此。不能忍受批评，就无法尝试新事物。

批评，是每个人的权利

一个人之所以能够不断地进步，在于他能够不断地自我反省，找到自己的缺点或者做得不好的地方，然后不断改正，以追求完美的态度去做事，从而取得一个又一个的成功。

对全世界很多经济学课堂上的师生来说，哈佛的曼昆教授是个熟悉的名字。他未满30岁时就已成为哈佛大学的终身教授，曾经担任小布什政府的总统经济顾问委员会主席，2006年又出任共和党人罗姆尼的经济顾问。

但2001年的秋天，这位53岁的明星教授却遭遇了学生的“兵变”。11月2日中午，在他著名的“经济学十讲”课堂上，约70名学生起身离开，以“罢课”表达他们“对于这门导引性经济学课程中根深蒂固的偏见的不满”。

批评这门课的学生写了一封《致格里高利·曼昆的公开信》。信中说：“如果哈佛不能使学生们具备关于经济学之更广博与更具批判性的思考，他们（哈佛毕业生）的行为将会危及全球金融体系。近5年来的经济动乱已经充分证明了这一点。”就在当天晚些时候，年轻的罢课者们加入了“占领波士顿”的示威队伍，代表社会中的“99%”，挑战“那1%的贪婪与腐败”。

罢课学生们在教室外组织演说。一个棕色长发的大一女孩说，这个社会变得如此糟糕，充满不公，哈佛毕业生也在其中同流合污，“但哈佛的学生不会再这样做了，我们要去做些真正的好事，而不是只为了个人获得几百万美元”！

教室里面的曼昆教授很尴尬，虽然他知道“今天可能有人会离开得早一点”。在上课之前，公开信就被悄悄发布在哈佛校刊的网站上。

“您的课程中不涉及第一手资料，学术期刊中的关键文献也并不充分，因此我们几乎无法接触其他可供选择的路径来研究经济学。认为亚当·斯密的经济学原理就比其他任何理论，例如凯恩斯的理论更重要、更基本，这是毫无道理的。”

可抗议很快就得到了反击。就在公开信发表9小时后，学生杰里米·帕塔什尼克在同一个网站以一篇名为《保卫“经济学十讲”》的文章做出回应。在他看来，这门课并不试图解决社会问题，而只是将经济学作为一门社会科学介绍给学生。这几乎与罢课者所观察到的曼昆完全相反。争论还来不及得到解决，12点刚过，“经济学十讲”开始了。然后，就发生了罢课的那一幕。

像往常一样，曼昆教授上课了。10分钟后，三名第一排的学生突然起身离开，紧接着更多的学生安静地走出教室，大多数人只是拿着书包，但也有人举起了标语。在约70名学生离开教室后，一些曾经上过曼昆教授课的学生相约走进这个课堂，以表达对他的支持。

“学生有批评的权利，不会对我有直接影响。只不过，那堂课上的内容会被写进下次考试里。”曼昆教授如此说道。

〔**哈佛寄语**〕

健康的社会需要不同的声音，如果只有一种声音，那么说明这个团体中的人要么没有用心参与，要么缺乏思考力。哈佛的学生可以反对老师的观点，老师也可以不同意学生的看法，但最重要的是，你要在提出自己观点的同时，学习别人的看法。

〔哈佛风采〕

哈佛非常看重并且坚决捍卫学人的话语权，你言辞激烈也好，攻击了管理层也罢，都要让你的言论有见光的机会。因为哈佛认为，每个人都有批评的权利。

没有批评的声音，你该如何成长

哈佛学子富兰克林曾说：“批评者是我们的益友，因为他点出我们的缺点。”

对于自身的一些不足和缺点，很多时候我们并不一定都能意识到，而我们身边的人对此会更加了解。只要能够对这些不足和缺点加以改进，我们就会赢得他人的尊重与赞美。

在哈佛上学的约翰·克斯爱好写作，立志要成为一个作家。他在哈佛学习成绩很好，是班里的头等生。但是他毕业后遭受了挫折，因为他勤奋写作的成果受到了接二连三的沉重打击，他共收到743封退稿信，而且大部分的稿件都有好几页批注。

当约翰·克斯看到这些批评的时候，真的有放弃写作的念头，但是他苦想了一个晚上后，确定按着上面的批评改正，因为他知道，没有批评自己就无法成长。后来他的稿子写得越来越好，批评的声音也越来越少。最终，约翰·克斯终于成功地实现了自己的梦想，成为一名作家，而且是一名受欢迎的作家。

在一次采访中，有记者问他：“看到那么多的批评，您是怎么坚持下来的？”约翰·克斯说：“刚开始的时候，心里真不好受，可是有质疑才有进步，虽然我当时正在承受人们所不敢相信的大量失败的考验，但如果我就此罢休，所有的退稿信都将变得毫无意义。而我一旦获得成功，每封退稿信的价值都将重新计算。”

约翰·克斯是智慧的，他没有因为被批评而沮丧泄气，也没有因为被批评而激愤放弃，而是面对批评诚恳地、高兴地接受，并将其当成珍贵的财富，当成激励自己的动力。有这样宽广的胸怀和博大的人生智慧的人，必定能够收获成功。

虚心接受别人的批评可以让一个人更快乐更健康地成长，同时也能使他获得智慧与成功。相反，如果一受到批评，就暴跳如雷，只会让我们成为一个心胸狭窄且不受人欢迎的人。

人往往都是喜欢被人夸奖的，很少有人喜欢被别人批评。有时别人的批评不是对我们个人本身的不满，而是对我们做事态度的不满，他们的批评是对我们做事的建议，并不是无中生有的挑剔。善意的批评可以让我们知道自己存在着哪些不足和缺点，以便能逐步弥补和改掉它们、完善自己。

西方谚语说："恭维是盖着鲜花的深渊，批评是防止你跌倒的拐杖。"听惯了阿谀之词的人常常狂妄自大，只有虚心接受批评的人，才能改正缺点，提升自己。所以，我们必须养成虚心接受批评的习惯。

人，总是在批评和自我批评中成长起来的。人非圣贤，孰能无过？只有接受了批评，自觉地反省，努力去改正，才会更好地成长起来。

〔哈佛寄语〕

如果有人批评我们，这时不要先替自己辩护，而要谦虚，要明理，要去感谢批评我们的人，要说"如果批评我的人知道我所有的错误的话，他对我的批评一定会比现在更加严厉"。我们要虚心接受批评，不断提高自己，以赢得别人的喝彩。

〔哈佛风采〕

曾有人出书批评哈佛大学，哈佛大学不但没有反击这些"恶毒攻击"，反而将这些书摆在哈佛书店最显眼的位置。哈佛敢于这样做，是出于自我完善的需要。接受批评并自我完善，这是一种谦逊的态度。

知识的高度取决于道德的高度

哈佛大学第23任校长科南特对哈佛大学办学方针的总结：“大学的荣誉，不在它的校舍和人数，而在于它一代又一代人的质量。”

奉献所学才是最高学位

哈佛孕育了很多精英，但并不意味着所有的精英都毕业于哈佛。事实上，从整个人类历史长河来看，哈佛只是其中的一部分，而毕业于哈佛的名人更是一小部分人而已。那些不知道哈佛、未曾就读于哈佛的人，只要他们为整个人类做出了贡献，都是哈佛今天和以后学习、敬佩的榜样。

2008年，《哈利·波特》的作者J. K. 罗琳来到哈佛大学，为这一届的学生做演讲。她非常坦然地谈论了自己的过去，谈论了想象力对文学创作的重要性，但更为难能可贵的是，她希望所有的哈佛学生可以将自己学到的知识，还有自己的同情心都运用到解救他人苦难的工作中。

她说：“不同于在这个星球上任何其他的动物，人类可以学习和理解未曾经历过的东西。他们可以将心比心、设身处地地理解他人。

“当然，这种能力，就像在我虚构的魔法世界里一样，在道德上是中立的。一个人可能会利用这种能力去操纵控制，也有人选择去了解同情。

“而很多人选择不去使用他们的想象力。他们选择留在自己舒适的世界里，从来不愿花力气去想想如果生在别处会怎样。他们可以拒绝去听别人的尖叫，看一眼囚禁的笼子；他们可以封闭自己的内心，只要痛苦不触及个人，他们可以拒绝去了解。

“我可能会受到诱惑，去嫉妒那样生活的人。但我不认为他们做的噩梦会比我更少。选择生活在狭窄的空间，可以导致不敢面对开阔的视野，给自己带来恐惧感。我认为不愿展开想象的人会看到更多的怪兽，他们往往感到更害怕。

“更甚的是，那些选择不去同情的人，可能会激活真正的怪兽。因为尽管自己没有犯下罪恶，我们却通过冷漠与之勾结。

“我18岁开始从古典文学中汲取许多知识，其中之一当时并不完全理解，那就是希腊作家普鲁塔克所说：‘我们内心获得的，将改变外在的现实。’

“那是一个惊人的论断，在我们生活的每一天里被无数次证实。它指明我们与外部世界有无法脱离的联系，我们以自身的存在接触着他人的生命。

“但是，哈佛大学的2008届毕业生们，你们有多少人有可能去触及他人的生命？你们的智慧、你们努力工作的能力，以及你们所受到的教育，给予你们独特的地位和责任。甚至你们的国籍也让你们与众不同，你们绝大部分人属于这个世界上唯一的超级大国。你们表决的方式，你们生活的方式，你们抗议的方式，你们给政府带来的压力，具有超乎寻常的影响力。这是你们的特权，也是你们的责任。

“如果你选择利用自己的地位和影响，去为那些没有发言权的人发出声音；如果你选择不仅与强者为伍，还会同情帮扶弱者；如果你会设身处地为不如你的人着想，那么你的存在，将不仅是你家人的骄傲，更是因为你的帮助而改变命运的成千上万人的骄傲。我们不需要改变世界的魔法，我们自己的内心就有这种力量：那就是我们一直在梦想，让这个世界变得更美好。

“我的演讲要接近尾声了。对你们，我有最后一个希望，也是我21岁时就有的。毕业那天坐在我身边的朋友现在是我的至交，他们是我孩子的教父母，是在我遇到麻烦时愿意伸出援手，在我用他们的名字给《哈利·波特》中的‘食死徒’起名而不会起诉我的朋友。我们在毕业典礼时坐在了一起，因为我们关系亲密，拥有共同的永远无法再来的经历，当然，也因为假想要是我们中的任何人竞选首相，那照片将是极为宝贵的关系证明。

“所以今天我可以给你们的，没有比拥有知己更好的祝福了。明天，我希望即使你们不记得我说的任何一个字，你们还能记得哲学家塞内加的一句至理名言。我当年没有顺着事业的阶梯向上攀爬，转而与他在古典文学的殿堂相遇，他的古老智慧给了我人生的启迪：‘生活就像故事一样，不在乎长短，而在于质量，这才是最重要的。’”

〔哈佛寄语〕

武器在善人的手中是捍卫自由的砝码，落到坏人的手里就会变成杀戮的恶魔。哈佛给予学生们强大的知识系统，更重要的是要让他们成为对社会有益的人，让世界变得更加美好的人。

〔哈佛风采〕

劳伦斯·H.萨默斯，曾就读于麻省理工学院、哈佛大学，经济学博士，美国经济学家。2001—2006年任哈佛大学第27任校长。他曾说：“这个世界能够并且将会向更好的地方前进，并不是因为进步已经预定，也不是因为进步是某种天赐之物，而是因为人们能够通过自己的贡献取得进步。”

德行成就一生的高度

学识对每个人来说都很重要，它反映了自身的素质，影响着自己的生活水平，但是如果只有才学没有品德，那是做人的失败，甚至是一生的失败。

德行分为两种：智慧的德行和行为的德行，前者通过学习可以得到，后者则通过实践而获得。行为的德行并非天赋，只有获得这种德行的能力才是天赋的，要通过实践才能得到行为的德行，就像通过实践得到优秀的艺术和控制激情的能力一样，德行是道德实践的结果。

发明家帕斯卡尔曾就读于哈佛大学，他的学识令人佩服，但是更让人们佩服的是他的德行。

1751年9月，帕斯卡尔的父亲因操劳过度，不幸病逝，这给他带来很大的创伤。就物质生活条件而言，帕斯卡尔的生活无疑是属于上层社会的。他父亲在他出生时就已经积蓄了60万法郎的资产，以后又在巴黎购置了房屋。他有自己的宽敞住宅，有自备的马车，有豪华的家具。成年后的帕斯卡尔经常出入于沙龙、宫廷以至赌场，交往面扩大了，他也变得更加挥霍了。

1754年11月23日，帕斯卡尔白天乘马车遇险，两匹马坠死在巴黎塞纳河中，而他本人却奇迹般地幸免于难。这件事让帕斯卡尔的思想有了重大转折。他热衷于慈善，因为他认为，一个有德行的人生才会有意义，同时他也懊悔以前做过的那些荒唐事。

从那以后，帕斯卡尔的生活有了明显的改变，变得日益简朴、严肃起来，对自己以前的富裕生活时常怀有一种内疚和悔恨。他深深地蔑视财产和舒适，尽力自己料理日常生活，努力接济和帮助穷人，成为一名真正热爱贫穷的富人。

帕斯卡尔对贫穷的热爱是真诚的，他认为贫穷是锻炼道德品质最好的途径。在他晚年，凡是生活上并非必需的东西，一概取消。他常说："假如我的心也像我的生活一样贫穷，我是何等幸福！因为我确实认为贫穷是解救自己唯一的办法。"他真诚地认为穷人的灵魂是伟大的，也是纯洁的。当时的习俗视施舍为美德，帕斯卡尔慷慨地施舍，钱不够了，将他外甥女的衣服也送给了穷人。

帕斯卡尔的德行已经高于他的学识，人们不仅记住了他的发明与创造，更记住了他的慈善、他的品德。

俗话说，有才有德是能，有才无德是奸。有才无德的人在小范围里会损害亲戚、朋友的利益，在大范围里会危害整个社会、会损害国家的利益。在哈佛人眼里，德行成就人一生的高度。

人生的高度往往是由品德来衡量的，如果一个人品德很好，能力虽然差一点，只要他努力学习，提高自己，为人友善，就会逐渐进步。但如果一个人能力极强，品德败坏，那么他再怎么成功也会遭人指责。毕竟德行是人行走于人生道路的前提，它才是你创造人生的资本。

〔哈佛寄语〕

做人要讲德行，道德居其先。道德，不是抽象的空洞物，而是实在的具体物。做一个“有道德的人”、一个“有益于人民的人”才会落地生根、生机盎然。

〔哈佛风采〕

哈佛第22任校长劳威尔曾说：“哈佛应该培养智力上全面发展的人，有广泛同情心和判断能力的人，而非瘸腿的专家。”在劳威尔看来，品格与能力犹如人的双腿。其后的数任校长，都秉承和发展了他的思想。第23任校长科南特最终确立了哈佛的人文宗旨，在科南特看来，大学应该培养负责任的人和公民，培养情感和智力全面发展的人。科南特的继任者普西提出了哈佛大学要培养有教养的人。简单地说，有教养的人就是有知识和信念的人。

忠于使命，不背叛忠诚

马克思说过：“作为确定的人、现实的人，你就有规定，就有使命，就有任务，至于你是否意识到这一点，那是无所谓的。这个任务是由于你的需要及其与现存世界的联系而产生的。”使命是客观存在的，不以人的意志为转移，无论你是否愿意接受，无论你是否意识到、是否感觉到它的存在，这种使命是随着人出生就降临到每个人身上的。

忠于内心的使命感

哈佛学生比尔·盖茨说过：“职业是人的使命所在。”使命感是一种无论自己的任务多么困难，都一定要完成的坚定信念。如果缺少使命感，你就很难成为一个真正优秀的人。

哈佛教授说：“你人生最大的工作，就是去找一份适当的工作；人生最大的使命，就是去找出自己的使命，活出自己的人生。”

有的父母，为了子女的教育，甘愿做牛做马，劳苦杂役，他们认为这是他们的使命；有的贤妻，为了帮助丈夫成就事业，不惜节衣缩食，辛勤持家，她认为帮助丈夫成就事业，这就是她的使命。

有的人，从小就立志要报效国家，报国就是他的使命；有的人，自幼便有兴家立业之心，这是他对家族负有使命感；有的人深知办学教育的重要，教育就是他的使命；有的人想到生产济世，生产就是他的使命。

竺可桢幼时聪明好学，1918年他以台风研究的优秀论文获得了哈佛大学博士学位，时年28岁。

在内战频繁的环境下，竺可桢始终坚持“科学救国”的艰难道路，他认为这是他的使命并且终生忠于这个使命。他和同时代的进步青年一样，争取到西方去学习，以改造国家。

学成后，他怀着“科学救国”的使命，回到了祖国。1936年4月，他担任浙江大学校长，历时13年。他以“求是”为校训，明确提出中国的大学必须培养“合乎今日需要的有用的专门人才”的进步主张。

1937年，竺可桢带领633人四度迁徙，于1940年初抵达贵州遵义，史称“文军长征”。在极端艰苦的条件下，他一面组织师生上课，一面以实际行动支援抗战，并为当地群众服务。

新中国成立后，竺可桢被任命为中国科学院副院长，同时兼任中国科学院生物学地学部主任、综合考查委员会主任、中国地理学会理事长、中国气象学会名誉理事长、全国科学技术协会副主席等职务。还被选为历届人民代表大会代表、人大常委会委员。

使命感，就是知道自己在做什么以及这样做的意义，就是把自己与一个伟大的事业联系在一起，释放生命的激情，并永远忠于自己的使命。

如果一个人有强烈的使命感，就可以说良心话、做良心事，就可以为了大义而舍去自我的小利，甚至视死如归。一家有强烈使命感的企业，就会把为社会服务、为人民服务放在第一位，而不是利益；一个有使命感的民族，就会永远屹立在世界民族之林的前列；一个有使命感的国家，就可以带领人类向着和平、文明的方向前进。

使命感不是口号，使命感是凝聚团队力量的最有效的方法；使命感是高昂的斗志；使命感是获得胜利最基本的条件；使命感是你走得更快、更远、更长的保障；使命感是生活中的每一个高素质人才必备的素养；使命感是每一个人迈向成功必备的武器。

〔哈佛寄语〕

以使命感为导向的思考模式和行为模式，能让你突破一切瓶颈，可以帮助你的生活更有价值，因为你清楚地知道自己要什么、想做什么。

〔哈佛风采〕

1959年，哈佛大学内森·普西校长的报告指出："大学的功用不是从这个现实世界之中向后倒退，只有当大学保持其本质时，大学才能很好地服务于这个社会，大学不是政府的一个代理机构。哈佛的社会服务落脚于世界各地，正因为如此，有远见的校长才会担心其最大的危险是其陷入各种商业活动之中，担心人们缺乏对服务和对生命意义的最终理解。但结合大学的发展和学生对社会的贡献来看，服务于社会才是教育价值的最终体现，才是一所大学生命力的表现所在。"

可见，在哈佛人的眼里，大学是服务于社会的，这是责任更是一所大学应有的使命感。

鄙视背信弃义的人

有一位作家说过，世界上最可怜又最可恨的人就是背信弃义的人，他们不但自毁荣誉，还会对他人造成伤害。因此在生活中我们要讲信用、守信义。

背信弃义的人往往违背诚信，为了自己的利益而伤害别人的利益，这种行为是可耻的，我们应该与背信弃义的人斗争到底。

下边的文章是二战中日本偷袭珍珠港后，毕业于哈佛大学的美国总统罗斯福在国会上发表的演说节选：

副总统先生、议长先生、参众两院各位议员：

昨天，1941年12月7日——这个将永远令祖国蒙羞的日子——美利坚合众国遭到了日本帝国海空军部队突然和蓄谋已久的攻击。

合众国当时和该国正处于和平状态，而且，根据日本的请求，当时仍在同该国政府和该国天皇进行谈话，对于维持太平洋地区的和平仍有很大期待。

实际上，就在日本空军中队开始轰炸美国瓦胡岛后的一小时，日本驻合众国大使及其同事仍然就美国近期致日方的信函向我国国务卿给予正式答复。虽然在复函中声言继续现行的外交谈判似已无必要，可其中并未包含有关战争或是武装进攻的任何威胁及暗示。

需要特别加以指出的是：考虑到夏威夷和日本国的距离，这次进攻显然事先经过了数天甚至是数周的精心准备，是一场有预谋的蓄意行为。在策划的过程当中，日本政府通过虚伪的声明和表示希望维持和平的姿态而对合众国进行了蓄意的欺骗。

昨天对于夏威夷群岛的进攻，给美国海陆军部队造成了严重的损失。我痛心地通知各位，大批美国人在攻击中丢掉了性命。而且，根据电报得知，美国船只也在旧金山和檀香山之间的公海上遭到了鱼雷的攻击。

昨天，日本政府对马来西亚发动了进攻。

昨天晚上，日本军队对香港发动了进攻。

昨天晚上，日本军队对关岛发动了进攻。

昨天晚上，日本军队对菲律宾群岛发动了进攻。

昨天晚上，日本军队对威克岛发动了进攻。

今天凌晨，日本军队对中途岛发动了进攻。

如此一来，日本已在整个太平洋区域采取了突然进攻的姿态。昨天和今天的事实不言而喻。合众国的人民已经在这一点上达成了共识，并且清楚地意识到，这将对我们的国家安全和生存本身造成极大的影响。

作为陆海军总司令，我已下达指示采取一切措施进行防御。可是，我们整个国家都将记住这次针对我们国家所发动的进攻的性质。

不论要花费多长时间才能战胜这次蓄谋已久的入侵，美国人民一定会凭借自己的正义力量赢得绝对的胜利。

我现在可以断言，我们不仅要做出最大的努力来保卫我们自己，更要确保自己永远不再受到这种背信弃义行为的伤害。我相信，我这样讲是可以代表国会和人民的意愿的。

敌对行动已经展开，毫无疑问，我国人民、我国领土和我国利益正处于严重的威胁之中。

相信我们的武装军队，相信我国人民的坚定决心，我们一定会取得最终的胜利！上帝保佑我们！

我要求国会宣布：自1941年12月7日，即星期日，日本无缘无故对我国展开卑劣无耻的进攻时起，合众国和日本帝国之间已处于战争状态。

在这一演说中，罗斯福激愤而冷静地揭露了日本法西斯阳奉阴违的狼子野心和不义行为给美国以及整个太平洋地区带来了猝不及防的巨大损伤。

让罗斯福政府以及全世界人们愤怒的是，日本政府通过虚伪的声明和表示希望维持和平的谈判，对合众国进行了蓄意的欺骗。日本背信弃义的行为遭到了全世界人民的鄙视、憎恨和一致声讨。同样，一个背信弃义的人，无论在哪里都会遭人鄙视，落得众叛亲离的下场。

〔**哈佛寄语**〕

守信不但是立身处世之道，而且是一种高尚的品质和情操。它既体现了对别人的尊敬，也表现了对自己的尊重。我们反对信口开河的许诺，反对寡信薄义的小人，更反对言而无信、背信弃义的丑行！

〔**哈佛风采**〕

拉瑟福德·伯查德·海斯（1822—1893年），美国第19任总统，生于俄亥俄州。南北战争时期，因军功屡次晋升，直至志愿军少将。战后开始政治生涯。两度当选国会议员，三度出任俄亥俄州州长，以“为人正直和办事有效率”著称。他很正直，有自己的原则，不背信弃义，很受人们敬佩。1876年大选中，因发生了美国历史上最大一次选票计算纠纷，海斯直至总统就职日前两天才被宣布为合法总统。他在任内努力改善内战后国内状况，取得了一些成就。他是第一个接见中国常驻使节的总统。

听从梦想的召唤，终将抵达成功的彼岸

不要觉得梦想只是梦想，随便说说而不付诸行动，不要把梦想和现实的距离想得过于遥远，只要努力，其实，梦想与实现就只有一步之遥。所以，听从梦想的召唤，终将抵达成功的彼岸。

好奇心提供一个梦想，热情可将梦想实现

事实上，好奇心和热情也是我们每一个人不可缺少的品质。柏拉图说："好奇者，知识之门。"

很多有成就的人的成长经历告诉我们，好奇心让人更智慧、更博学。好奇心对人的成长有巨大的作用。好奇心通过惊奇、疑问等心理活动，进而激发人们企图寻找这一客观事物的内在联系，诱导人们有选择地、主动地、频繁地接触产生新奇感的客观事物。在对新事物的追求中，好奇心使科学家茶不思、饭不想，孜孜不倦地对特定的事物进行长时间的观察、探索，并在这一活动中得到创造的享受。

在人们体验好奇心带来创造、带来美感的过程中，不可忽略热情的价值，因为在探索真理、积极进取的道路上，热情和好奇就像孪生兄弟一样，密不可分。热情可以给我们所做的每件事情加上火花和趣味，甚至可以催发人们的好奇心。

热情是人类天然真情和率直感情发展到足够强烈程度的自然表现，是人类对

自身及周围各类对象的真情关注，以及受外来影响而激发出的强烈真情。

埃德蒙·西尔斯·摩根毕业于哈佛大学并获得博士学位，以下是他在耶鲁大学开学典礼上的演讲：

在这个世界上，好奇心总是不那么受欢迎的。这个世界认为，好奇心只会带来麻烦，好奇心被断定为闲散无聊，或者是空虚无用的白日梦，人们甚至把具有好奇心的人视为游手好闲之辈。因为常被孩子们那些层出不穷、难以回答的难题纠缠而陷入窘境，父母亲也总是竭力抑制自己孩子心理上的好奇趋向；否则，还得为小家伙各种稀奇古怪的探索可能带来的危险甚至生命危险担惊受怕，那无疑是一份苦差事。

那些能够在父母亲的压制下仍然有幸保持住自己的好奇心，那些能够在各种危险的探索中仍然幸存至今的孩子，将会在我们耶鲁大学的各个院系受到真诚的欢迎。

……

好奇心是种潜伏着某种危险性的心理品质。好奇心的危险不仅在于它可能产生像核弹这样对于人类存在着严重威胁，好奇心的危险还在于：它除了真理之外没有别的追求。追求真理听起来好像不存在危险，听上去还是十分值得尊重的品质。有那么多备受尊敬的人物迫使我们相信他们已经发现了真理，因此真理听起来似乎并不是什么危险事。但真理确实是危险的，对于真理的追求探索，曾经一而再，再而三地推翻了人类在科学、宗教和政治上存在的信仰和秩序。今天已经能够轻而易举地看清过去历次革命给人类带来的巨大变化，而置身于那个时代的人们是不那么容易预计到这种利害关系的，如果你恰好是站在旧秩序方面时就更是如此了。同样，在今天要判断是否值得为了满足某个学者的好奇心而冒改变人类生活进程，或者瓦解某种社会结构的风险，也不是一件轻而易举的事。探索真理曾经是而且永远是包含着某种破坏性的行为，学者们都了解，献身于真理追求不会是铺满鲜花、洒满阳光的坦途。

我们应该让好奇心激发我们的意志，一往无前地克服困难、找到问题的答案。不要因为缺乏好奇心而犹豫彷徨、半途而废。

一个学者应该具有的第二个品质，表面上看起来和上面谈的没有联系，但实际上它们是紧密相关的。除了受到好奇心的驱使外，还有另一种同样强大的力量在支配着学者们的研究，这就是把自己的研究所得传播给这个世界的需要，也就是宣传自己主张的热情。取得某种答案并不能使一个学者宽慰松懈，就此停步，他还需要让公众了解这个答案。学术研究是从好奇心开始，而以向公众传播自己的所得而告终。

……

你们到大学来，追求各种各样的目标，你们将达到这些目标。你们会去打篮球、踢足球、吹低音管，你们会去参加各种俱乐部的活动和演出，但是学校期待你们在通过四年的学习和研究之后，能够取得长足的进步。在这四年中，我们盼望你们加入这个追求真理的队伍中来。我们将会像要求我们自己一样来要求你们：保持你们的好奇心，激发你们宣传自己思想的热忱。

……

在这篇演讲中，摩根告诉耶鲁的新生，也告诉每一个追求真理的人：在追求真理的大道上好奇心和热情不可或缺。好奇心驱使着学者们潜心研究，热情则让学者们把研究成果传播到世界的每一个角落。

热情和好奇与成功之间的关系，就好像汽油和汽车引擎之间的关系一样，热情和好奇是行动的动力。它能不断地注入心灵引擎的汽缸中，并在汽缸内被明确目标发出的火花点燃，继而推动信心和个人进取心的活塞。

〔哈佛寄语〕

热情和好奇是一股力量，它们和信心一起将逆境、失败和暂时挫折扭转，给我们创造一个更加美好的未来提供动力。让我们的人生在好奇和热情的推动下更加和谐、美丽、丰富吧！

〔哈佛风采〕

埃德蒙·西尔斯·摩根，美国历史学家，1942年毕业于哈佛大学并获得博士学位，曾先后任教于芝加哥大学和布朗大学。埃德蒙·西尔斯·摩根的学术水平在历史学领域一直遥遥领先，他为布朗大学历史学的发展做出了卓越的贡献。1955年任教耶鲁大学历史系直到退休，最著名的作品是《清教家庭》。

知行合一，让梦想不再遥远

哈佛教授常教育学生们：“离开行动，再好的梦想只会停留在纸上，再美的计划也会失去意义。”

当我们还是一个小孩的时候，我们对自己说，当我成为一个大人的时候，我会……当我们读完大学后，我们又说，等我找到第一份工作的时候，我会……当我们找到第一份工作之后，我们又会说，当我结婚的时候……然后我们又会说，当孩子们从学校毕业的时候，我会……当我们退休的时候，步入了晚年，我们看到了什么？我们看到了生活已经从我们的眼前走过去了，而我们依然一无所有。

安妮是哈佛大学艺术团的歌剧演员。在一次校际演讲比赛中，她向人们展示了一个最为璀璨的梦想：大学毕业后，先去欧洲旅游一年，然后要在纽约百老汇占有一席之地。当天下午，安妮的心理学老师找到她，问了一句：“你今天去百老汇跟毕业后去有什么差别？”安妮仔细一想：“是呀，大学生活并不能帮我争取到去百老汇工作的机会。”于是，安妮决定一年以后就去百老汇闯荡。

这时，老师又冷不防地问她：“你现在去跟一年以后去有什么不同？”安妮苦思冥想了一会儿，对老师说，她决定下学期就出发。老师紧追不舍地问，“你下学期去跟今天去，有什么不一样？”安妮开始心潮澎湃了，想想那个金碧辉煌的舞台和那双在睡梦中萦绕不绝的红舞鞋……她终于决定下个月就前往百老汇。

老师继续问道：“一个月以后去跟今天去有什么不同？”安妮激动不已，情不自禁地说：“好，给我一个星期的时间准备一下，我就出发。”老师步步进逼：“所有的生活用品在百老汇都能买到，你一个星期以后去和今天去有什么差别？”

安妮激动地说道：“好，我明天就去。”老师赞许地点点头，说：“我已经帮你预订好明天的机票了。”第二天，安妮就飞赴到了全世界最巅峰的艺术殿堂——百老汇。

当时，百老汇的制片人正在酝酿一部经典剧目，几百名艺术家前去应征主角。按当时的应聘流程，是先挑出10个左右的候选人，然后，让他们每人按剧本的要求演绎一段主角的对白。这意味着要经过百里挑一的两轮艰苦角逐才能胜出。安妮到了纽约后，并没有急着去漂染头发、买靓衫，而是费尽周折从一个化妆师手里要到了将排的剧本。

这以后的两天中，安妮闭门苦读，悄悄演练。正式面试那天，安妮是第48个出场的，当制片人要她说说自己的表演经历时，安妮粲然一笑，说：“我可以给您表演一段原来在学校排演的剧目吗？就一分钟。”制片人同意了，他不愿让这个热爱艺术的青年失望。而当制片人听到传进自己鼓膜里的声音，竟然是将要排演的剧目对白，而且，面前的这个姑娘感情如此真挚、表演如此惟妙惟肖时，他惊呆了！他马上通知工作人员结束面试，主角非安妮莫属。就这样，安妮来到纽约的第一天就顺利地进入了百老汇，穿上了她人生中的第一双红舞鞋。

有些人天天梦想上好大学，天天梦想发大财，天天梦想出人头地，可就是不愿踏踏实实地学，踏踏实实地干，结果只能是竹篮打水一场空。梦想需要拼搏，没有实践的梦想，终归会化为泡影。在通往成功的道路上，我们会碰到许许多多实现梦想的机会，却常常因为懒惰和恐惧的心理放弃了努力，致使自己与成功之神一次次擦肩而过。这是人生的一种悲哀！只有自己扎扎实实地去努力、去创造，才有可能把愿望变成现实。

〔哈佛寄语〕

经常有人说：“如果我当年就开始那笔生意，早就发财了！”“如果当时我……该多好啊！”梦想没有实现，会叫人叹息不已，永远不能忘怀。如果真的彻底施行，就有可能带来成功。你现在已经有梦想了吗？如果有，马上行动，知行合一，让梦想不再遥远。

〔哈佛风采〕

哈佛学子荣获诺贝尔经济学奖的教授萨穆尔森认为：“人们应当首先认定自己有能力实现梦想，其次才是用自己的双手去建造这座理想大厦。”在哈佛人眼中，只有知行合一，才能让梦想不再遥远。

人际间的和谐可以受用一生

有求于人才会去找朋友，很快就没有朋友。如果你希望有朋友，先做别人的朋友。不要让帮助你自消沉中振作起来的朋友失望。朋友是了解你并尊重你的人。友谊需要经常表达才能长存，友谊是看出朋友的缺点就善意地指出。

朋友是你一生的财富

哈佛教授乔赛亚·罗伊特说："朋友是你一生的财富。你可以贫穷，但是你不能没有朋友。"

获得朋友的唯一办法是自己先成为别人的朋友。那些没有朋友的人，就像是身处地狱，他们总是羡慕别人的友情，哀叹自己形单影只，却不想想自己是否给别人带去了友谊。

一位哲人说过："友谊既能使人摆脱暴风骤雨的感情世界，而进入一个和风细雨的春天，又能使人摆脱黑暗而混乱的胡思乱想，走进光明而理性的思考。"在家靠父母，出门靠朋友。不管你有多么融洽的亲情，不管你的人生有多成功，你都不能没有朋友。儿时需要玩伴，长大了需要共事的朋友，年老了需要一起说话的朋友。人需要朋友犹如鱼儿需要水、生命需要氧气。

哈佛教授曾在课堂上讲过这样一个关于朋友的故事：

一个人死了，上帝的使者来接他，问他愿进天堂还是地狱。他大胆请求：“先让我看看再做决定可以吗？”“当然可以。”使者说。

使者先让他参观地狱。进了地狱之门，他看到一间宽敞明亮的大房间，空气中飘溢着诱人的食物香味，原来在房屋中间放着一口很大的锅，锅里正在煮着肉粥。但是在粥锅的周围却围着许多面黄肌瘦的人，有些已经饿得奄奄一息。他们互相仇视着，恶狠狠地瞪着别人。

“这是为什么？他们为什么守着肉粥不吃，宁可挨饿呢？”他不解地问。

“你再仔细看看，他们每人手里拿着什么？”使者指点他。

他这才看到他们每人手里拿着一个勺，但这个勺的柄很长，足足长过他们的身高。“这里严格规定必须用勺吃粥。但他们每个人都无法把粥送到嘴里，只好挨饿！”使者解释道。

他们又到了天堂。天堂和地狱的环境完全一样，但这里的人个个面色红润，健康愉快。他不解地问：“他们也必须用长柄勺来吃粥吗？”使者回答：“是的，你看！”他看到这里的人们互相喂食，你给我一勺，我给你一勺，人人都吃得饱饱的，他们谈笑着、嬉闹着、心满意足。

地狱和天堂的差别就在于，在天堂里面，每个人都相互信赖、相互依靠，都愿意主动给他人提供食物，也乐意接受别人的帮助。而那些地狱里的人，就是不愿意与他人成为朋友，他们不愿意给别人食物。其实，只要他们给别人递上手中的勺子，别人也会给他们送上食物。

当你成为别人的朋友时，你就拥有了朋友。德国小说家歌德说：“一个人总不可能跟所有的人生活在一起，因此，他也就不可能为每一个人而活着。若能真正认识到这个真理，人就会极度珍视自己的朋友。”

没有朋友的人在这个世上将显得非常孤立和可怜。如果没有朋友帮我们避开那些残酷无情的打击和攻击，并耐心地抚慰我们受伤的心灵，我们中许多人将会陷入声名狼藉、伤痕累累的境地。有了好的朋友，不但精神上可以得到慰藉，而且可以保持愉悦的心情，生活得更轻松。

〔哈佛寄语〕

哈佛有句格言："朋友是了解你并尊重你的人。"只有朋友才会真心对待你，为你分担忧愁。交友之道，在于真心，更在于交心。

〔哈佛风采〕

美国高等院校有公立大学1464所，私立大学2312所，75%的学生在公立大学就读。哈佛大学属于私立学校，学生以研究生为主。学生毕业后都经常切磋经验并互相帮助，即使在校期间不认识，在人海中认识对于他们来说也是一件快乐的事。

人生的成功就是人际关系的成功

在哈佛，人际关系会被视为重要的学科来学习，因为哈佛人认为，一个人事业的成功，80%来自与别人相处，20%才是来自自己的专业技能。

人际关系是我们每个人都需要的，没有一个人可以孤立地生活，哪怕是漂流到孤岛上的鲁滨孙，也会给自己找一个"星期五"来帮助自己度过漫漫人生中的孤寂。没有一个人可以离开人际关系而活着，同样也没有人可以凭借一己之力而获得事业上的极大成功。

哈佛人常说："30岁以前靠专业赚钱，30岁以后靠人际关系赚钱。"这话不无道理，人际关系专家曾从各个角度做了大量研究，结果都表明：越是懂得好人脉的重要性，人们在与人交往的过程中就越主动积极，其人际关系也越融洽，越能适应社会，其工作业绩也越大。

美国著名杂志《人际》在2002年发刊词中有这样一段话："如果不信，你可以回忆以往的一些经验，就会发现原本你以为是自己独立完成的事，事实上背后都有别人的帮助。因此，在社交场合，你应该尽量表露真正的自我与自己真正的才华，它们将会给你许多有用的建议。绝不可低估人脉的力量，否则将白白失去许多有利的帮助之力。"

哈佛大学的一些成功自助书籍上有这样的故事，虽然有点传奇色彩，但的确是真实的案例。

人脉资源专家哈维·麦凯从大学毕业那天就开始找工作。当时的大学毕业生很少，他自以为可以找到最好的工作，结果却徒劳无功。好在哈维·麦凯的父亲是位记者，认识一些政商两界的重要人物，其中有一位叫查理·沃德。查理·沃德是布朗比格罗公司的董事长，他的公司是全世界最大的月历卡片制造公司。四年前，沃德因税务问题而入狱服刑。哈维·麦凯的父亲觉得沃德的逃税一案有些失实，于是探监采访沃德，写了一些公正的报道。沃德非常感激那些文章，他几乎落泪地说，在许多不实的报道之后，麦凯的父亲终于写出公正的报道。

出狱后，他问哈维·麦凯的父亲是否有儿子。

“有一个，在上大学。”哈维·麦凯的父亲说。

“何时毕业？”沃德问。

“他刚毕业，正在找工作。”

“噢，那正好，如果他愿意，叫他来找我。”沃德说。

第二天，哈维·麦凯打电话到沃德办公室。开始，秘书不让见，后来他三次提到他父亲的名字，才得到跟沃德通话的机会。

沃德说：“你明天上午10点钟直接到我办公室面谈吧！”第二天，哈维·麦凯如约而至。不想面试竟变成了聊天，沃德兴致勃勃地谈到哈维·麦凯的父亲的那一段狱中采访，整个谈话过程非常轻松愉快。

聊了一会儿之后，他说：“我想派你到我们的金矿工作，就在对街品园信封公司。”为找工作奔波了一个月的哈维·麦凯，现在站在铺着地毯、装饰得富丽堂皇的办公室内，不但顷刻间有了一份工作，而且还是到“金矿”工作。所谓“金矿”是指薪水和福利最好的单位。

那不仅是一份工作，更是一份事业。42年后，哈维·麦凯仍在这一行继续勤奋开采着“金矿”，他已成为全美著名的信封公司——麦凯信封公司的老板。

哈维·麦凯在品园信封公司工作期间，熟悉了经营信封业的流程，懂得了操作模式，学会了推销技巧，积累了大量人脉资源。这些人脉成了哈维·麦凯成就事业的关键。事后，哈维·麦凯说：“感谢沃德，是他给我工作，是他创造了我的事业。”

哈维·麦凯正是利用人脉取得成功的典型代表，像他一样的成功人士还有很多。

人是群居动物，一个人的兴衰成败只能来自他所处的人群及所在的社会，只有在这个社会中游刃有余，才可为事业开拓宽广的道路。如果没有一定的交际能力，就免不了处处碰壁。

哈佛教授做过这样一个问卷调查：请查阅贵公司最近解雇的三名员工的资料，然后回答解雇的理由是什么。结果是，无论什么地区，无论什么行业，2/3雇主的答复都是："他们是因为不会与别人相处而被解雇的。"可见，学会与人相处、拓宽人脉对于提高自身的竞争力、避免在激烈的竞争中惨遭淘汰有多么重要。

哈佛人认为，每个人都将成功作为自己追求的人生目标，因为只有拥有成功事业的人生，才是完美的人生。一个人的成长、发展、成才、成功都是在人际交往中完成的，甚至一个人的喜怒哀乐也都与他的人脉关系息息相关。只有掌握人脉资源，才能为成功提供必要的可能。

〔哈佛寄语〕

成功的人之所以成功，除了个人的才能水平、努力程度等要素外，良好的人际关系也是所有成功之士的共性所在。每一个伟大的成功者背后都有良好的人际关系。没有人是自己一个人能达到事业顶峰的，假如你决心成为出类拔萃的人，你必须从现在开始重视你的人际关系。

〔哈佛风采〕

哈佛专家曾挑选了"最幸福"的100%的人做研究，发现这些人也会像其他人一样有焦虑、压力、挫败感。他们在很多方面都与常人无异，不同的是他们更容易恢复，他们有很强的免疫系统——当然不是他们天生的身体好，而是他们有着成功的人际关系。

Harvard 哈佛的22~24点钟

用理性执掌人生的方向

哈佛课程这样定义理性：理性是指人在正常思维状态下，有自信与勇气，遇事不慌且能够全面了解和总结并尽快地分析后恰当地使用多种方案中的一种去操作或处理，达到需要的效果。

不能让感性左右你

理性做事才会少走弯路，更容易达到预定的目标。光凭头脑发热，让感性左右，往往做不成任何事。理性的人办事沉稳谨慎，思维严密，效率明显，不感情用事，经常名利双收。

哈佛毕业的罗斯福深得其子女的爱戴，这是众所周知的，因为在对待孩子方面，罗斯福不会像有些家长一样不理性。有一次罗斯福的一位老友垂头丧气地来找罗斯福，诉说他的小儿子居然离家出走，到姑母家去住了。这位父亲把儿子说得一无是处，又指责他跟每个人都处不好。

罗斯福回答说：“胡说，我一点都不认为你儿子有什么不对。不过，一个人如果在家里得不到合理的对待，他总会想办法由其他方面得到的。”

几天后，罗斯福无意中碰到那个男孩，就对他说：“我听说你离家出走了，这是怎么回事？”

那个男孩回答："是这样的，上校，每次我有事找爸爸，他都会发火。他从不给我机会讲完我的事，反正我从来没有对过，我永远都是错的。他很感性，从不理性地考虑问题，他一直认为自己是对的。"

罗斯福说："孩子，你现在也许不会相信，不过，你父亲才是你真正的朋友。对他来说，你是这世上最重要的人。"

"也许吧！上校，不过我真的希望他能用另一种方式来表达，理性地看待问题。"

接着罗斯福去告诉那位老友，发现他果然如他儿子所形容的那样暴跳如雷。于是，罗斯福说："你看！如果你跟你儿子说话像刚才那样，我不奇怪他要离家出走，我还奇怪他怎么现在才出走呢？你真是应该跟他好好谈一谈，多了解他，多理解他的想法才是。"

理性与感性之间的距离有时仅一步之遥，它们的区别就在于对一件已经发生的事，前者能够冷静、客观对待，后者则暴跳如雷或自我哀怜。对于能够预料的未来之事，理智的人会选择对全局最有利的方式，丧失理智的人则会任凭感情的驱使，最终也只会酿成令人遗憾的悲剧。

在哈佛非常重视理性思考，因为哈佛人认为，只有理性的人才能有更多的机会与能力创造价值。所以哈佛教授对理性的特点做了以下总结：

1．冷静的态度。对于紧急的事能够不紧张且熟练地处理。

2．全面的认识。对于人、事或物能够从多个方面去了解再总结。比如人，他的个性特点；事或物，就要了解事或物的前因后果。

3．详细的分析。在分析人与事或物时：当事态紧急时则一般从主观上去分析而避免事态扩大，少做客观分析是为防止和避免重复类似的事件。

4．后果的预知。它是根据从感性的多方面进行了解和总结并换位的客观分析、判断、推理的结果。

5．心理素质。有自信与勇气。

〔**哈佛寄语**〕

理性的人，能彰显人性中理性的思想，能焕发强大的力量，让自己朝着成功的方向不断完善与进步。保持一种平和的心态，善待自己，珍爱生活。

〔哈佛风采〕

哈佛大学举世闻名的成就与它在几百年发展过程中所形成的办学理念是分不开的，“以柏拉图为友，以亚里士多德为友，更要以真理为友”的校训，不仅昭示着哈佛大学立校兴学的宗旨——求是崇真，也揭示了其办学理念的核心价值观——理性看待社会。

用理性设计你的人生

用理性设计自己的人生，是哈佛人的人生信条，哈佛人对于自己的人生，都会精心设计。理性设计会使我们的人生更加完善，而完善的人生一直都是我们所追求的。

不论你是知名企业的总裁，还是普通公司的小职员；不论你是年迈的老人，还是花季少年，你都需要理性设计自己的人生。

迈克尔·布隆伯格，1942年2月14日出生于一个中产阶级家庭，犹太人后裔。他是一个非常理性的人，他爱好管理，他对自己的人生有一个理性的规划。1966年他获得哈佛大学工商管理硕士学位。

毕业后他进入所罗门兄弟公司任股票交易员。1972年他成为该公司的股东。很快他又接过该公司的股票、贸易、销售业务，稍后又接手信息系统。1981年从该公司辞职后，建立了以自己名字命名的布隆伯格信息公司。1990年他又开办了布隆伯格经济新闻社，后又开设了布隆伯格电台、电视台、网站等，很快实现了自己的财富积累。2001年11月当选为纽约市第108任市长，2002年1月1日就职。2005年11月再次当选纽约市市长。他的成长经历跟他的理性是分不开的，他知道他要什么，所以他朝着那个方向努力直到成功，所以他的人生就好像是一个美国梦的标准样本，激励着无数美国青年奋斗不止。

设计人生不能盲从。设计目标是为了实现，而不是为了设计而设计。设计只是一种手段，不是我们要的结果。因此，我们需要变通地设计，因事、因时、因地变化。设计也不是屈服，设计的主动权要掌握在我们自己的手中——我的人生我做主，用自己的理性思维设计出完美的人生。

年轻人都会有对未来的憧憬，而未来所有目标的实现，又往往从择业时开始。可是，由于当前的就业压力很大，择业成了一件很难的事。有很多人，在学校时把自己的人生设计得很美好，但到现实中遇到碰撞和打击时，有的人心事沉重了，有的人愁眉苦脸了，也有的人随波逐流了。只有善于对人生进行理性的思索，理性地认识自己，理性地认识社会，理性地对待个人的人生设计，才能拥有一个健康、快乐的人生。

在人生的每一次航行，都有可能会远离我们的人生坐标。我们应该学会在远离目标的时候，去创造条件、去理性思考，从而找回我们的人生方向。

〔哈佛寄语〕

一个人要有独特的、负责任的人生格局和人生设计，这不只是自己的事情，也是这个时代对我们的要求。如果你的理性还在沉睡中，那么快醒醒吧，赶快设计好自己的目标，不要等来不及时才匆匆忙忙地应付。

〔哈佛风采〕

哈佛一直以高标准来定位，担负着国家的重大使命，一直都以理性为主，感性为辅。哈佛教育学生理性处事、理性规划人生。在哈佛人眼中信奉理性化的人，必崇尚科学，重视实路。这才是成功的保证。

成熟是人生的一面旗帜

哲学家哈里·奥弗斯特里特这样说：一个成熟的人并不是一个取得某一成就便止步不前的人。他实际上是个不断成熟的人——他与生活的联系因他通过鼓励这些联系而不断变得坚实丰富。他又说：一个成熟的人并不是一个懂得许多知识的人，而是一个在心理上习惯于不断获取知识，明智地运用知识的人。人生的成熟不仅在于生理上的成熟，更是责任、价值观、行为准则方面的觉醒。

要学会成熟而不要沦于世故

成熟是一个人经历过太多事情之后练就的一种自我保护意识及合理处理事情的能力。而世故则是一种错误的“成熟”。

一位哈佛学者曾说：“成熟者能看到社会或者人生的阴暗面，却不被阴暗面吓倒，表面上沉静而内心却有一腔热血。有不平而不悲观，既坚信希望在于将来，又执着于今天的努力。世故者分不清主流和支流，本质和现象。他们因为曾在事业、理想、生活、爱情方面遭受打击便冷眼观事，觉得人生残酷，社会黑暗。他们自以为看透了社会和人生，其实是在迷糊地看人生。”

为此，哈佛学者对成熟与世故做出如下区别：

1. 真诚与虚伪：成熟者知道社会复杂，因此认为人的头脑也应当复杂些。遇事要自己思索、自己做主，不轻信、不盲从；与人交往，考虑复杂些而不失其诚实之心，“和朋友谈心，不必留心”；如果遇见不熟悉的人切不可一下子就推心置腹，多听少谈，真正了解之后才敞开心扉。而世故的人往往虚情假意，只做表面文章而不去真诚待人，这样的人自然缺少朋友。

2. 互助和利用：成熟的人坚持互惠互利，互帮互进，有福同享，有难同当，患难时见真情。而世故的人往往自私自利，以小人之心度君子之腹。

3. 坚持原则与见风使舵：成熟的人遇事头脑冷静，坚持原则，有主见，自己该干什么就干什么。而世故的人自作聪明，见风使舵，毫无原则。

4. 直面现实和玩世不恭：成熟的人对事情敢于发表自己的看法，一旦认定了就一定去做。而世故的人每天无所事事，没有目标，没有能力。

5. 奋进与沉沦：成熟的人把挫折当成成功的起点，重新认识社会与自我，奋进不已。而世故的人遇到困难往往退缩，被困难打倒，从此沉沦，没有朝气。

哈佛人认为成熟是人生成功的重要标志；世故者只能把人生引入歧路。世故的人给人留下的印象是不可信、不可靠和不可近。一个世故的人，自然很难在人生舞台上有出色的表演。

我们需要成熟，我们需要吸取、融化、聚集、汇合，也需要扬弃、陶冶、磨炼、突破。通向成熟的路是艰难的，甚至是痛苦的，但成熟的生活是充实的、美好的。

哈佛教授曼斯曾做过这样的比喻：街头的一堆苹果，无论它有多少，对买者而言，只有三种：生的、熟的、熟透的。我们只挑熟的买。芸芸众生，男女老幼，就其心理年龄而言，也只三种：幼稚的，成熟的，世故的。幼稚的属于生苹果，成熟的属于熟苹果，世故的属于熟透的苹果。放下生的苹果不谈，天下有谁喜欢熟透的苹果？人们都不喜欢熟透的苹果，因为它内里已变得枯萎、腐烂；世人也不喜欢世故的人，因为他们已“练达”得枯燥无味。哪一个世故的人拥有过一个真正的朋友？哪一个世故的人有过甜蜜的恋情？

所以，一个人在社会上行走，要让自己多一些成熟的气质，少一些世故的味道，这样才能成为一个成功的人。

〔哈佛寄语〕

成熟的人，能理智地看到客观事物的本质和规律，能高瞻远瞩，分清是非，明辨善恶，不自私，不嫉妒。在顺境中，能保持清醒的头脑，在逆境中，能忍受孤单和寂寞。

〔哈佛风采〕

有一位哈佛学者在演讲时曾说：“成熟的人是要改变自己来面对自己的问题。”成熟从自身开始。在哈佛学习就是一个成熟的过程，因为哈佛的课程里囊括了知识、技能、道德、社会实践等学科，它能从全方面培训人才，从而让学子们有一个成熟的技能以及成熟的心态去面对未来。

成熟的心态是成功的一半

在复杂的社会中，如何尽快地为自己找到安身立命之处，是每个人不得不面对的选择。社会不会等待你成长，所以你要自动自发地走向成熟。

一个人走向成熟是困难的。如泰戈尔所说，除了通过黑夜的道路，无以到达光明。很无奈的一个事实是，成熟总是和人生的挫折联系在一起的，仅仅依靠读书学习并不能让你成熟，而需要付出时间和历练。通往成熟的道路，没有终点，只有行程。成熟是相对的，成熟不是不犯错误，而是能不能真正从错误中吸取到教训，在困难中获取坚强。

约翰·肯尼迪出生于美国马萨诸塞州的布鲁克莱恩。他的一生都在与各种疾病做着斗争。在3岁生日的前三天，他患上了恶性猩红热。1930年秋天开始，他患上了一种无法治愈的疾病，后来确诊为爱迪生氏病。这种疾病使得他的内分泌发生紊乱，免疫力降低。

疾病锻炼了肯尼迪坚强的意志，让他对生活充满了希望，所以他有一颗比同龄孩子成熟的心。遇事不慌张并有出色的领导力与决策力，也就是这样的成熟心态才造就出他以后的辉煌。

肯尼迪3岁时进入爱德华奉献学校学习，1935年秋天，他请求插班学习普林斯顿大学的课程，但是遭到了该学校的拒绝。后来，他的父亲经过努力，安排他于11月初入学。由于疾病缠身，他只坚持到12月就中断了学习。1936年7月，肯尼迪申请进入哈佛大学学习并被顺利录取。

在哈佛大学学习期间，他两度到欧洲访问。在这两次访问的间隙，他还于1938年7月大学二年级毕业后到达伦敦，利用暑假时间在美国大使馆工作，并于假期结束后返回美国，参加哈佛大学三年级课程的学习，最后以优异的成绩毕业。

后来他当上了美国第35任总统，成为美国历史上最年轻的总统，也是美国历史上唯一信奉罗马天主教的总统和唯一获得普利策奖的总统。

肯尼迪的成功与他的成熟心态是分不开的，他的成熟让他有了坚强的意志，理性的思考以及向命运挑战的勇气，从而造就了他的辉煌。

哈佛人认为做一个成熟的人，需要具备以下几种心态：

1．居安思危的心态。在生活中，即使再安逸太平，也要有所警觉。我们虽然过得很安稳，但有时也不妨想想未来，未雨绸缪。只要我们有了这种心理，我们就不会失去上进心和感恩心，我们的人生便有了新的意义。

2．知足常乐的心态。只有懂得满足的人才能经常获得快乐，知足者常乐，知足才能免除人心中日益增长的贪念。

3．宽容待人的心态。对每个人来说，宽容才会赢得声望，无论是天才还是幸运儿，只有和所有人一样遭遇失败、辛苦才会知道，对那些正在努力争取改变命运的人来说，无论出现何种错误或失败都有值得宽容的理由。如果我们不培养自己宽以待人的心态，不允许人们出错，一旦出错就一味严厉追究责任，那么，就会渐渐失去人心，被孤立起来。

4．换位思考的心态。有一句名言说，如果我们只会站在自己的角度看问题，那么我们永远不知道别人在想什么。这个世界上有很多问题，站在自己的角度去思考可能永远不能了解或解决问题，而换个角度思考就会发现一个全新的答案。所以，当我们说话办事时，不妨选择一个正确的角度。有一个正确的角度，就成功了一半；若选择了一个错误的角度，将难以逃脱失败的命运。对于同一个问题，用两种不同的问法，会得到截然相反的答案，这就是思维的多面性。如果拒绝换位思考，你眼前的世界就永远是单一的；如果拒绝换位思考，你将会丧失与人们交流的乐趣，你将不能成功地说服上司改变原来的想法、做法，你不能以一个家长的身份让你的孩子不要做这个、不要做那个，你将不能说服别人做任何你想让他做的事。学会换位思考吧，你将获得更加多彩的世界。

总之，成熟的心态是成功的一半，如果你还活在幼稚的世界里，那么成长起来吧！让你的成熟心态成就你的未来。

〔**哈佛寄语**〕

不成熟的心态对待事物或事件不会有一个全方位的思考，而成熟者往往会总结经验，未雨绸缪。所以，成熟度越高的人，成功概率越大，成熟度越低，成功的概率越小。

〔**哈佛风采**〕

阿奇博尔德·麦克利什1892年出生于美国伊利诺伊州格伦克城。从小受到了良好的教育，从霍契斯学院毕业后，他便进入耶鲁大学学习，毕业时24岁。24岁的他心态成熟，在众多的选择中，他选择了哈佛法律学院，因为他认为学习法律能让自己锻炼成熟的心态，从而更好地在社会上立足，1919年从哈佛大学毕业。从1949—1962年，他在哈佛教诗歌和高级写作课。他和哈佛的关系始于1938年，直到70岁为止。

生命是平等的，它需要尊重和理解

哈佛大学是一个讲究平等和民主的地方，这里欢迎来自世界各地的、各种族的学生和老师，这里是每名学生学习的园地和成长的摇篮。在哈佛的办学理念中，生命是平等的，它需要尊重和理解，其中最主要的是学会自尊，意识到每个生命都从不卑微。

自尊是上天赐予我们的遮雨棚

哈佛始终将捍卫学校的名誉和尊严放在重要的位置，要求学生要尽力为母校增光添彩。同时，哈佛还时常教育学生，维护学校的荣誉和尊严应该建立在自尊自爱的基础上，因为自尊是上天赐予我们的遮雨棚，是我们不断向上发展的原动力。

哈佛大学在教育和培养人才时非常看重学生的能力和素质，倡导每个人都应该尽力发挥自己的潜能，实现全面发展。与此同时，哈佛也意识到，要实现这样的目标，一个人首先应该学会自尊，因为活得有尊严是做人的根本，也是个人成才的关键，一个人只有先学会自尊，才能挺起做人的脊梁，找到人生中的遮雨棚和进取的力量。在一堂教育课上，一位哈佛教授为了说明这个道理，还讲了自己的童年伙伴卢克的一件事。

卢克的母亲在他7岁那年去世了，三年之后，他的父亲续娶了一个犹太女人。

刚开始，卢克很不喜欢这位继母，经常与她作对，为此，父亲总是动手打他。后果就是卢克的抵触情绪越来越强烈，而且对自己和生活失去信心，自暴自弃起来。然而，一次偶然发生的事情却改变了卢克对继母的看法，同时也让他明白了自尊。

一天中午，卢克偷摘别人院子里的葡萄时被主人大胡子逮住了，由于大胡子很凶，卢克平时就特别畏惧，他当时更是吓得浑身直哆嗦。

大胡子说："今天做错了事情，只能接受惩罚！给我跪在这里，一直跪到你父母来领人。"

听说要自己跪下，卢克心里很不情愿。可因为害怕，他最终战战兢兢地跪了下来。这一幕，恰巧被他的继母看到了。她冲上前，一把将卢克提起来，然后，对大胡子大叫道："你太过分了！"

继母平时为人温和而内向，这一声大叫把大胡子和卢克都吓傻了。回家后，继母第一次用枝条狠狠地抽打了两下卢克的屁股，边打边说："你偷摘葡萄我不会打你，哪有小孩不淘气的！但是，别人让你跪下，你就真的跪下？你不觉得这样有失人格吗？不顾自己人格的尊严，将来怎么成人？将来怎么成事？"继母说到这里，突然抽泣起来。继母的话在卢克的心中回响，他从继母这儿学到了人生中的重要一课——人活着要有尊严。此后，卢克牢记继母的教训，变得自尊自爱起来。此后的生活中，他始终将脊梁挺得直直的，据理力争自己的权利，并积极进取，最终成为美国有名的外交家。

哈佛的学生们从这个故事里明白了自尊的意义，明白了自尊是上天赋予我们的权利，也是上天赐予我们的遮雨棚。一个人的尊严需要他人维护，但更需要自己重视，唯有学会自尊，我们才能在人生的风雨路上找到遮风避雨的地方，才能不断前行。

〔哈佛寄语〕

尊严就是一个人灵魂的骨架，人活着就要有尊严，就该挺起刚正的脊梁，自尊自爱，这是做人的根本，也是成才的关键。只有学会自尊，我们才能认识和发现自己的潜能，才能勇敢地直面风雨人生路，这样才有可能实现人生理想和价值。

〔哈佛风采〕

在哈佛建校不久，曾有一位名叫韦斯特的黑人教授选择了离开哈佛，因为当时的校长萨默斯提出监视其研究的要求，而韦斯特说：“我是一位自由而自尊的黑人，我不会容忍这种态度。”为了自尊，他选择了离开。

每个生命都从不卑微

哈佛相信每名学生都有巨大的潜能，只要好好挖掘，每个人都可能成为天才，所以哈佛时常这样教育自己的学生：每个生命都从不卑微，只要自信自重，每个人都能找到自己的闪光点，实现人生的价值。

在哈佛，学生们时常受到正面的教育和积极的鼓励，在这种教育方式的影响下，哈佛学生的自信心特别强烈，也能以积极乐观的心态应对人生中的很多事情。在哈佛人看来，这个世界上没有一无是处的人，每个生命都从不卑微，只要相信自己的能力，积极发挥潜能、不断进取，每个人终能有所作为。在遇到困难或是处于逆境时，一些哈佛人常常会想起这个故事：

著名企业家迈克尔青少年时期家境异常贫寒，为了谋生，他做过几年酒店服务生，替客人搬运行李、擦车。

有一天，一辆豪华的劳斯莱斯轿车停在酒店门口，车主人吩咐一声：“把车洗洗。”迈克尔那时刚刚读完中学，还没有见过世面，从未见过这么漂亮的车子，所以他在擦车的时候忍不住欣赏了起来，心中满是惊喜，擦完后，他还忍不住拉开车门，想上去享受一番。这时，正巧领班走了出来，他大声训斥说：“你在干什么？穷光蛋！你不知道自己的身份和地位吗？你这种人一辈子也不配坐劳斯莱斯！”

迈克尔感觉受到了侮辱，他发誓：这辈子我不但要坐上劳斯莱斯，还要拥有自己的劳斯莱斯！他的决心是如此强烈，以至于成了他人生的奋斗目标。在之后的人生中，他奋发图强，积极进取。许多年以后，他成为富有的商人、著名的经济学家，他实现了曾经的誓言，买了一部劳斯莱斯轿车。

一个人不能因为别人的轻视就低下高贵的头，不能因为地位的低下就放弃自己的梦想，只要相信自己的生命并不卑微，只要肯积极上进，每个人都能成就自己的精彩。这便是哈佛学子从这个故事中得到的启示，也是激励他们迎难而上，走出逆境的动力。

在自信的哈佛人看来，每个生命都从不卑微，每个生命都有它存在的意义和价值，每个生命都有它自己的光彩和辉煌，我们所要做的并不是为自己的出身、地位，为眼前暂时的困难、挫折而怨天尤人、萎靡不振，而是要学会做自己命运的主人，学会勇敢乐观地面对生活，演绎生命的精彩！

〔哈佛寄语〕

人很难绝对完美，生活也不总是一帆风顺，但每个生命都从不卑微，即使是再平凡的人身上也会有动人的光彩。与其因为身份卑微而放弃理想和追求，因为深陷逆境而自暴自弃，因为被人歧视而消沉苦恼，不如自信乐观地面对，积极争取属于自己的幸福。

〔哈佛风采〕

迈克尔·波特于1947年出生于密歇根州的大学城——安娜堡，曾获哈佛大学MBA及经济学博士学位，并获得斯德哥尔摩经济学院等7所著名大学的荣誉博士学位。他32岁就获得了哈佛商学院终身教授之职，是竞争战略和竞争力方面公认的权威，获得过大卫·威尔兹经济学奖、亚当·斯密奖，五次获得麦肯锡奖，并有大量著作，如《品牌间选择、战略及双边市场力量》（1976年）《竞争优势》（1985年）《国家竞争力》（1990年）等。在2005年世界管理思想家50强排行榜上，他位居第一。

哈佛人很重视培养卓越的领导力

在历史上，哈佛涌现了无数的政界名流，这与哈佛重视培养学生卓越的领导力是分不开的。哈佛崇尚精英式教育，主张把学生的领导力培养放在突出的位置，认为一个有领导力的人应该追求卓越，敢于率众之先，也应该统筹兼顾，不断储备领导才干。

追求卓越，敢于率众之先

追求卓越一直是哈佛的目标和追求，也是哈佛对于学子领导力培养的一个重要方面。在哈佛的教育理念中，一个有着卓越领导力的人首先应该以追求卓越为目标，勇于表现，敢于率众之先。

在哈佛，不少人都有着政治家的理想和野心，也时常会以历史上一些卓越政治家的事迹来激励自己。玛格丽特·希尔达·撒切尔作为英国一名杰出的女首相，她的一些奇闻逸事也在哈佛学子中广为流传。

撒切尔夫人是英国的前首相，英国政坛中一位杰出的女性领袖，她有着卓越的领导力和出色的政治才华，而她的成功绝非偶然，从小就勇于表现、敢于率众之先的性格在其中起了重要作用。

撒切尔夫人于1925年10月13日出生在英国伦敦西部的格兰瑟姆市。她的父亲阿尔弗雷德是格兰瑟姆市市长，对于政治十分热衷。父亲格外喜爱撒切尔，决心将她塑造成自己理想的人物。在父亲的精心教育和培养下，撒切尔不仅注重学习知识和技能，还非常注重其他能力的培养，如人际交往能力、卓越的领导力等。她时常牢记父亲的警告："你必须自己拿主意，不要效仿朋友们的做法，不要因为害怕与众不同而随波逐流……你要率众之先，而绝不从众。"她还认为与众不同不是负担而是财富，是值得赞赏和应该积极发扬的品格，这些都极大地促进了她积极表现，勇于展现领导力的行为。

撒切尔夫人5岁时学钢琴，9岁时在当地文艺会演中赢得诗歌朗诵奖。赛后女校长表扬她："玛格丽特，你真幸运。"撒切尔夫人充满稚气但又相当认真地说："我不是幸运，我应该赢得。"因为她深信自己是最优秀的。在读小学时，她所在的学校经常请人来学校演讲，每次演讲结束，她总是第一个站起来大胆提问。而同龄的女孩往往怯生生地不敢开口。在踏上了从政之路后，有一次她听到别人议论："女人怎么能执政？"便立即站出来自信地说："我不仅要当英国的第一个女议员，还要当英国第一位女首相！"

凭借着自身的能力和才华，加上自信和敢于表现，撒切尔夫人的领导能力日益突出，终于在1979年5月4日入主唐宁街，成为英国第一位女首相，并担任首相11年，成为英国最有权势的女人。

哈佛的不少学子都非常仰慕撒切尔夫人的成就，同时也从她的人生经历中明白了想要成为卓越的领导者，就应该追求卓越、敢于率众之先的道理。因此，不少哈佛人纷纷以她为目标，不断地自我发展、自我完善，重视自身领导力的培养和挖掘，追求着美好而成功的生活。

〔哈佛寄语〕

想成为一名领导者，是需要魄力和魅力的，其中最主要的就是要追求卓越，敢于率众之先。身为领导者，应该走在队伍的前面，在团队迷失时能指明前进的方向，在团队四顾茫然时能鼓舞士气、凝聚力量，在任何时候都要起表率作用，要有勇气站出来。

〔哈佛风采〕

哈佛大学不仅以追求卓越、创建世界一流大学作为自己的目标，而且也将成为卓越领导、敢于率众之先作为对学生的培养目标。许多著名的哈佛教授都研究过领导力方面的问题，并有自己独特的看法。哈佛商学院约翰·科特教授特别强调领导者应该拥有一颗“成功的心”，要在心理感受方面影响和引导团队成员；哈佛商学院教授拉凯什·库拉纳在一场话题为“领导力和价值观”的讨论中认为学生的领导力和价值观会在教育的作用下发生一定程度的改变，但领导者对卓越的追求是始终都不会变的。

统筹兼顾，储备领导才干

在哈佛，有一个被美国人称为是商人、主管、总经理的西点军校的地方，那就是哈佛商学院，美国许多大企业家和政治领袖都曾在这里学习和深造过。就读于商学院的人，无不憧憬着能成为企业和政坛领导，但他们也明白，实现这一目标并不容易，需要逐步培养自己的领导力，储藏领导才干。

哈佛商学院向来被称为培养美国领导者的摇篮，学院对于学生的培养目标中重要的一条就是要将每一位学生都作为未来的领导来培养。理查德·特德罗教授在哈佛商学院从教多年，他在谈到商学院的使命时说，自己加入哈佛商学院的时候，学院的使命是培养总经理，而现在学院网站上写着的使命是“培养对世界产生影响的领导者”，但他更希望的是学校能“培养对世界产生好的影响的领导者”。

其实不仅是哈佛商学院，整个哈佛大学对于学生领导能力的培养都是非常重视的。哈佛属于世界一流的大学，自然也希望自己的学生能成为世界一流的人物，所以哈佛经常教育学生要学会统筹兼顾，储藏领导才干，不断提高领导能力。在这种教育理念的指导下，哈佛培养出了无数优秀的领袖人物，富兰克林·罗斯福就是哈佛人的骄傲。

罗斯福从小就有当领袖的宏伟目标，为了实现理想，他不断积蓄能力，注重提高自己的领导才能。在年轻时，他努力学习各方面的知识，还积极思考，认真观察，这使得他具备了超乎一般人的远见卓识和魄力，当别人都在犹豫不决的时候，他总能提出正确而富有前瞻性的看法，并且能起表率作用。同时，他性格温和而谦虚，胸怀坦荡，有着果断的性格和独立的品质，这使他能很好地团结别人，凝聚力量。正因为罗斯福善于在平时加强自我修炼，不断储备领导才干，终于在1932年的总统竞选中获胜，成为美国第32任总统。他上台的时候，正值西方资本主义世界经济大危机爆发和第二次世界大战的危难时刻，但由于他有着卓越的领导才华，善于统筹兼顾，时刻顾及人民的意愿，采取了一系列得当的政策措施和战略行动，使美国经受住了沉重的打击，美国的经济也在不久之后逐渐复苏。罗斯福也因为杰出的领导力、独有的魅力和魄力而成为美国历史上唯一连任四届的总统。

罗斯福卓越的领导力是其成功的重要原因，也是无数哈佛学子非常仰慕和欣赏的。他们深知领导才干的培养是需要时间和毅力的，所以不少人通常会以罗斯福作为自己的榜样，从在校阶段起就统筹兼顾，不断储备和培养自己的领导才干。

〔哈佛寄语〕

领导并不好当，领导力的培养也不是一件简单的事情。作为领导者，就必须具备非凡的才干，想要提高领导力，就应该统筹兼顾，从多方面入手，如杰出的才华和能力、坦荡的胸襟、独立的品质、果断的性格等，只有做好了这些方面的修炼，才有可能成为一名卓越的领导者。

〔哈佛风采〕

在哈佛，商学院的地位是非常重要的，美国教育界流传着这样一种说法：哈佛大学可算是全美所有大学中的一顶王冠，而王冠上那夺人眼目的宝珠，就是哈佛商学院。哈佛商学院是美国培养企业人才最著名的学府，在历史上培养出了无数著名的大企业家和政治家。从2008年起，哈佛商学院每年都会举办“哈佛商学院年度领导力论坛”。

感恩母校，给予往往是相互的

只因心中有爱，哈佛人才能感恩这个世界，回报母校的培育之恩。哈佛赋予无数哈佛人成长与智慧，用风雨去磨炼他们的翅膀，让他们傲然于天地间。回报母校也是哈佛人的传统。

把财富反馈给母校哈佛

校友会是哈佛大学一道特色的风景线，毕业生回母校慷慨解囊也是校友会一大项目。几百年的光辉历史使每个哈佛人形成了以哈佛为荣的观念，同时也激励了他们成功后回报母校的强烈愿望。

哈佛的毕业生有一个传统：捐助哈佛。哈佛的资金1/3来自捐助。很多学生的家长，也都是哈佛校友哈佛人。一代一代的哈佛人，进入社会上层后把财富捐赠给母校哈佛。每年的捐款，是哈佛收入的重要部分。比如哈佛前校长陆登庭为哈佛筹措到100亿美元，主要募自校友会。

其实哈佛本身就是为纪念第一位为其捐资的慈善家——约翰·哈佛而命名的。哈佛大学的建立是由于当时的英国殖民者想在美国的土地上建一座大学，正因为哈佛大学的建立者当中有很多人都是剑桥大学的毕业生，哈佛大学所在的城市也就被命名为剑桥城。其实原来这所大学的名字叫“剑桥学院”，哈佛大学现在的名字来源于1638年一位名叫约翰·哈佛的人。

1636年10月，由马萨诸塞海湾殖民地议会通过决议，拨款400英镑租校舍，筹建一所像英国剑桥大学那样的高等学府，据载有位年轻牧师约翰·哈佛是70名学院筹委会成员之一。1638年在马萨诸塞的“剑桥学院”正式招生，第一届学生共9名。1638年9月哈佛先生因肺病去世，临死前，将自己的全部图书，约400本和一半财产约780英镑捐献给学院，这是学院成立以来得到的最大一笔捐款。1639年3月，当地议会通过决议，为纪念办学经费的主要捐赠者约翰·哈佛先生，把这所学校改名为“哈佛学院”。

现在，政府的拨款是保证哈佛大学正常运作的先决条件，每年政府拨给哈佛的经费，41%流入医学院，29%流入公共卫生学院，21%流入文理学院。哈佛的科技项目经费主要来自联邦政府：其中77%是联邦政府所属的国家卫生研究院等机构提供、8%由国家自然科学基金会提供、4%由国防部提供。而在众多美国大学发展基金中，哈佛的年回报率是最佳的，最高可达21%，另外其资产规模亦是全美国最庞大的，截至2000年6月底，资产可达226亿美元，其中52%用于基础科学研究，约115亿美元。丰厚的资金保障了哈佛大学的正常运转，更为科研工作提供了最先进的环境和最充裕的科研经费。

除此之外，哈佛大学的校友募捐也为哈佛赢来很大一部分资金。

哈佛大学威德纳图书馆正门两侧的石碑刻有下面的文字：“威德纳是哈佛大学毕业生，在泰坦尼克号沉没时去世。他生于1885年6月3日，死于1912年4月12日。”“这座图书馆是威德纳的母亲捐赠的，这是爱的纪念。1915年6月24日。”

据说泰坦尼克号下沉时，游客们逃到甲板上拥向小船，偏有一个叫威德纳的青年逆向而行奋力返回船舱，仅仅是为了抢救一本培根的散文集。威德纳和散文集与泰坦尼克号一起下沉了。这个爱书胜过生命的青年人就是哈佛的学生。

威德纳的母亲就是泰坦尼克号上那位幸存的老太太。老太太以威德纳的名义给哈佛捐助一个图书馆。这座威德纳图书馆是哈佛最大的社会科学和人文科学研究图书馆。图书馆正门两侧各有一块石碑，刻着上面提到的那两句话。

感恩之心会给哈佛人带来无尽的快乐，为生活中的每一份拥有而感恩，能让他们知足常乐。感恩不是炫耀，不是停滞不前，而是把拥有的一切看作是一种荣幸、一种鼓励，在深深感激之中进行回报的积极行动，与他人分享自己的拥有。

感恩之心使人警醒并积极行动，更加热爱生活，创造力更加活跃；感恩之心使人向世界敞开胸怀，投身到仁爱行动之中。

〔哈佛寄语〕

哈佛大学以一种超然于物外又密切关注国际动态的学术精神深深打动着哈佛学子，以高端的科研定位战略为引导，以学者一流的战略为核心，以丰富的科研资金为推手，促使科研成果撞击世界一流水平。在这样的氛围下，越来越多的人愿意把自己创造的财富反馈给自己的母校哈佛。不得不说这也是哈佛成功的地方之一。

〔哈佛风采〕

七十多年来，在校友会中展开资金募集活动，已成为哈佛一大传统。据统计，80%以上的哈佛毕业生与母校保持着密切联系，愿意以捐款的方式表达对母校的感激与爱。他们的捐款，为哈佛成千上万的优秀学子提供了经济支持；并且，学校利用这些资金将始建于1878年的纪念讲堂扩建成了世界一流大学中最大的图书馆，以此支持着哈佛大学最富实力与创造力的教学科研队伍。

内心充满爱的阳光，生命就有了新的价值

爱是哈佛人最伟大的信念，有了爱才会有一切。因为心中有爱，哈佛人才会对自己的工作和生活充满热情，哈佛人才不会让自己在困境中沉沦。拥有爱心，哈佛人的人生就会有财富和成功。

2006年10月一个炎热的中午，尼日利亚阿布贾市的人们正在木薯地里辛勤劳作，一对看似普通的夫妇来到了他们的身旁：“木薯怎么才能变得好吃点？”发问的是一身休闲打扮的妻子。

这对夫妇就是鼎鼎有名的盖茨夫妇，发问的女人是梅琳达。不惜长途跋涉去

考查全球存在的健康问题是比尔·盖茨的“比尔及梅琳达·盖茨基金会”的开场项目之一。虽然盖茨基金会不向美国癌症协会捐款，却为研究那些导致更多人死亡的疾病，包括艾滋病、疟疾和肺结核捐赠了数十亿美元。

盖茨夫妇关注的慈善领域也有所不同。通常情况下，盖茨更加注重疫苗研究和可能会于未来发挥效力的科学解决方案，梅琳达则更加关注立即帮助病人减轻痛苦。她说：“我更愿意前往印度农村，亲眼看到那些孩子获得救助。当然，我们还有很多其他工作要做。”

用“富可敌国”来形容盖茨并不为过，他的财产超过400亿美元，但盖茨夫妇生活很俭朴，他们在西雅图郊区有一座高科技的豪宅。不过去过盖茨家的人介绍，豪宅并不是常人想象的富丽堂皇的样子。“我要把我所赚到的每一笔钱都花得很有价值，不会浪费一分钱。”的确，他将自己挣来的钱用在了最有价值的事业——慈善上。

盖茨在慈善上的作为，用数字就可以说明：迄今为止，他已经向慈善事业捐出了超过290亿美元。“巨额财富对我个人而言，不仅是巨大的权利，也是巨大的义务。”在庆祝自己50岁生日的时候，盖茨当场宣布，他准备把自己的私人财富全部捐献给社会，而不会作为遗产留给自己的儿女。

在盖茨的遗嘱中，他拿出98%的财产给以他和妻子名字命名的比尔及梅琳达·盖茨基金会，这笔钱用于研究艾滋病和疟疾的疫苗，并为世界贫穷国家提供援助。在慈善活动中，比尔及梅琳达·盖茨基金会出手大方，曾向纽约捐款5120万美元，用以建立67所面向少数族裔和低收入阶层子弟的中学；捐资1.68亿美元，帮助非洲国家防治疟疾；向非洲南部的内陆国家博茨瓦纳捐资5000万美元，帮助那里防治艾滋病……

比尔及梅琳达·盖茨基金会目前已成为世界上最大的慈善基金会，它资助医学家着手研究艾滋病、疟疾、肺结核、癌症等疾病的治疗途径，向非洲、亚洲等发展中国家大力捐资；创建更多的面向家庭条件不好的孩子的中学，并且资助贫困的大学生；同时努力让所有的人，不分种族、性别、年龄或贫富，都能从网络上获取信息，扩大互联网的普及；对于盖茨的老家，基金会特别关照当地生活困难的人。在哈佛，同情是善良心所启发的一种情感反映。可以想见，分享这位世界首富的财产的，是那些生活在贫困之中的病人、孩子、老人和还用不上互联网的人。比尔·盖茨用一个人的力量，改变了地球上很多贫困人的命运，这才是他最了不起的一面。

〔**哈佛寄语**〕

帮助别人等于帮助自己。哈佛告诉我们，你的每一次善举、每一个爱心最终都会成为你幸福的回忆，带给你生活的希望与动力。正如一句谚语所说的："赠人玫瑰，手有余香。"付出的爱心不仅温暖了别人，也会温暖自己。

〔**哈佛风采**〕

哈佛大学里的学生组织五花八门，比如有一个名为"红色钥匙"的学生组织，专门主持哈佛校园的旅游事务。这在别的大学内恐怕是不多见的，因为哈佛的校园实在是太大了。在6.25平方公里的校园里，那些著名的艺术建筑和博大的展馆，以及著名的有个性的学者和思想敏锐的学生，都强烈地吸引着国内外大批的参观旅游者。因此，为使造访者能饱览哈佛校园风光的全貌，成立这个学生组织还真是大有必要。学生在志愿导游、骄傲地介绍母校人文风貌的同时，会更加了解哈佛的历史，更增一份爱校之情。

图书在版编目（CIP）数据

哈佛不眠夜：你见过哈佛凌晨4点的图书馆吗？ / 杜威特编著. — 北京：企业管理出版社，2014.5

ISBN 978-7-5164-0803-2

Ⅰ. ①哈… Ⅱ. ①杜… Ⅲ. ①成功心理—青少年读物 Ⅳ. ①B848.4-49

中国版本图书馆CIP数据核字（2014）第085044号

书　　名：哈佛不眠夜：你见过哈佛凌晨4点的图书馆吗？
作　　者：杜威特
责任编辑：张　羿
书　　号：ISBN 978-7-5164-0803-2
出版发行：企业管理出版社
地　　址：北京市海淀区紫竹院南路17号　邮编:100048
网　　址：http://www.emph.cn
电　　话：编辑部（010）68453201　发行部（010）68701638
电子信箱：80147@sina.cn　zhs@emph.cn
印　　刷：北京慧美印刷有限公司
经　　销：新华书店
规　　格：166毫米×235毫米　16开本　18.5印张　284千字
版　　次：2014年5月第1版　2014年8月第2次印刷
定　　价：35.00元